Rakesh Sharma

Indexação de nutrientes em pomares de macieiras com recurso a técnicas geo-espaciais

Rakesh Sharma

Indexação de nutrientes em pomares de macieiras com recurso a técnicas geo-espaciais

Abordagem da variabilidade espacial dos nutrientes do solo e das folhas para a gestão específica dos nutrientes na macieira

ScienciaScripts

Imprint
Any brand names and product names mentioned in this book are subject to trademark, brand or patent protection and are trademarks or registered trademarks of their respective holders. The use of brand names, product names, common names, trade names, product descriptions etc. even without a particular marking in this work is in no way to be construed to mean that such names may be regarded as unrestricted in respect of trademark and brand protection legislation and could thus be used by anyone.

Cover image: www.ingimage.com

This book is a translation from the original published under ISBN 978-3-659-89753-5.

Publisher:
Sciencia Scripts
is a trademark of
Dodo Books Indian Ocean Ltd. and OmniScriptum S.R.L publishing group

120 High Road, East Finchley, London, N2 9ED, United Kingdom
Str. Armeneasca 28/1, office 1, Chisinau MD-2012, Republic of Moldova, Europe
Managing Directors: Ieva Konstantinova, Victoria Ursu
info@omniscriptum.com

Printed at: see last page
ISBN: 978-620-8-62056-1

Conteúdo

Capítulo 1

1. ÂMBITO DA FERTILIZAÇÃO ESPECÍFICA DA MAÇÃ

As culturas hortícolas, que incluem frutos, legumes, flores, especiarias, bebidas, etc., desempenham um papel significativo na segurança alimentar e nutricional de um país como a Índia. Ocupam cerca de 8% da superfície cultivada total do país, contribuindo com cerca de 14,5% do total das receitas de exportação em termos de valor dos produtos agrícolas. A importância destas culturas aumenta em terrenos montanhosos e ondulados, como a região nordeste da Índia, Himachal Pradesh, J&K e Uttaranchal, onde as actividades agrícolas tradicionais de culturas arvenses não são economicamente remuneradoras e sustentáveis, enquanto o clima em geral é adequado para o cultivo de frutos temperados e subtropicais.

Himachal Pradesh já conquistou um nicho como Estado hortícola. O Estado foi reconhecido como o "Estado da maçã da Índia" por ter sido o primeiro a introduzir maçãs deliciosas e por produzir frutos de boa qualidade. O estado é constituído por 12 distritos, com uma área de 55673 quilómetros quadrados. Área. Sutlej, Ravi, Chenab e Beas são os principais rios que passam pelo estado. O clima do Estado varia entre quente e sub-húmido nas regiões mais baixas, onde a altitude é de apenas 450 a 600 m, e o frio intenso da região alpina e glaciar nas partes setentrionais, onde a altitude é de 4800 m para cima. Nas regiões de Lahaul-spiti e Kinnaur do Estado, que fazem fronteira com o Tibete, o clima reflecte a natureza árida da região e as condições de frio extremo da zona.

A maçã foi introduzida no país pelos britânicos no vale de Kullu, em Himachal Pradesh, em 1865, enquanto as cultivares de maçã "Delicious" foram introduzidas nas colinas de Shimla em 1917. De acordo com as estatísticas de 2013-14, a maçã está a ser cultivada em cerca de 1 07 686 hectares no Estado. Shimla é o maior distrito produtor de maçãs, sendo esta fruta cultivada em 83 % das terras hortícolas do distrito. Houve um aumento múltiplo na área cultivada com maçã durante os últimos 50 anos, de 3026 ha em 1960-61 para 1, 07.686 ha em 2013-14, no entanto, o nível de produtividade ainda é muito baixo (4,26 t/ha). Embora existam 226 (grande número de) variedades de maçã em Himachal, o grupo delicioso constitui a maior parte (cerca de 83% em H.P.) da produção de maçã. Essas cultivares são autoférteis e precisam de polinização cruzada para garantir uma boa frutificação. Assim, a escolha de polinizadores errados e a sua inadequação em número resultam frequentemente numa baixa produtividade.

Tal como noutras zonas montanhosas, a economia de Kinnaur e de outras regiões temperadas secas depende principalmente da agricultura, da horticultura e da criação de animais. O clima desta zona é o mais adequado para o cultivo de frutos de alta qualidade, especialmente maçã. Em 1991, a área cultivada com diferentes culturas frutícolas no distrito de Kinnaur era de 3 138 ha, com uma produção de 16 060 toneladas, que aumentou substancialmente para 12 281 ha até 2013-14, com uma produção de 54 393 toneladas. Só a maçã está a ser cultivada numa área de 10 487 ha no distrito. Em 2013-14, a produção de maçã foi de 54 044 toneladas, com uma produtividade média de 5,15 t ha^{-1} no distrito. As maçãs desta região possuem qualidades que podem responder aos desafios lançados pelos regulamentos da OMC.

A horticultura é, de longe, o melhor meio para a exploração dos recursos naturais da terra e para a elevação económica da população. Atualmente, o rendimento total das culturas hortícolas no Estado aumentou periodicamente, pelo que a horticultura está a dar um contributo significativo para a economia agrícola do Estado. Muitas variedades novas e melhoradas de maçã são atualmente cultivadas nesta região, para as quais não existe informação básica sobre as necessidades de fertilizantes/gestão de nutrientes em situações agro-climáticas de clima temperado seco. Embora os custos dos fertilizantes constituam geralmente uma fração relativamente pequena dos custos totais de produção em horticultura/agricultura, decisões incorrectas quanto à quantidade ou à composição dos nutrientes do fertilizante aplicado podem ter um efeito desproporcionado na rentabilidade do empreendimento. Há muitos exemplos registados no distrito em que perdas consideráveis de produção e, nalguns casos, efeitos adicionais no armazenamento pós-colheita da cultura, resultaram de distúrbios nutricionais decorrentes de tais decisões.

Os produtores do Estado seguem recomendações gerais e generalizadas para a maçã no que respeita à quantidade ou à composição nutritiva dos fertilizantes, ao momento e ao método de aplicação, independentemente das condições abióticas e edáficas, do terreno típico e das condições climáticas da zona. Uma decisão incorrecta no que respeita à época e ao método de aplicação, à quantidade ou à composição dos nutrientes dos fertilizantes, independentemente do estado de fertilidade do solo nativo, juntamente com uma nutrição inadequada e desequilibrada, bem como a escolha de polinizadores errados e a sua inadequação em número, parecem ser os principais factores da baixa produtividade da macieira no distrito e podem ter um efeito desproporcionado na rentabilidade do empreendimento.

No passado, a análise das plantas e o teste do solo costumavam ser os critérios para delinear as regiões deficientes e a amostragem era feita por método aleatório. Prestava-se pouca atenção à recolha de amostras geo-referenciadas e todo o distrito era considerado como uma única unidade cartográfica. Com a invenção de tecnologias modernas de deteção remota, SIG e GPS, é agora possível monitorizar a fertilidade do solo e a saúde das culturas através de inquéritos sistemáticos. Isto será útil para monitorizar as mudanças no estado de fertilidade da área estudada com as necessidades de nutrientes da cultura específicas do local.

Um conhecimento abrangente dos recursos básicos do solo é de importância fundamental para um planeamento eficiente da utilização das terras. As tecnologias recentes, como o SIG e o Sistema de Posicionamento Global (GPS), têm muito a oferecer para a preparação de mapas de fertilidade do solo. Uma vez criados os mapas de fertilidade do solo, é possível transformar a informação dos modelos Soil Test Crop Response em mapas espaciais de recomendação de fertilizantes. Estes mapas fornecem recomendações específicas para cada local, validando a fertilidade do solo nos anos seguintes. A aplicação de fertilizantes com base no teste do solo não só reduzirá consideravelmente o custo dos factores de produção para o(s) rendimento(s) pretendido(s), como também ajudará a uma aplicação equilibrada de fertilizantes que conduzirá a uma melhor saúde do solo e à sustentabilidade da produção.

Os pomares de macieiras do distrito de Kinnaur são geridos de forma tradicional, aplicando fertilizantes e outros factores de produção a taxas uniformes, sem ter em conta a variabilidade espacial do terreno. Esta gestão pode resultar na sub-aplicação ou sobre-aplicação de factores de produção em algumas partes do pomar, dando origem a problemas económicos e ambientais, como o aumento dos custos de produção e a poluição ambiental causada pelos produtos agroquímicos (Earl et al. 1996). Foram efectuados muitos estudos de investigação sobre a variabilidade do solo, sobretudo em culturas arvenses (Bhatti et al. 1991; Cambardella e Karlen 1999; Shukla et al. 2004). Nas culturas hortícolas, Zaman e Schuman (2006) desenvolveram zonas de gestão de nutrientes para os citrinos com base na variação das propriedades do solo. Lopez-Granados et al. (2004) criaram mapas de fertilização específicos para oliveiras com base na variabilidade espacial dos nutrientes nas folhas.

A gestão do solo específica do local pode melhorar a rentabilidade (em termos de melhoria do rendimento e da qualidade dos frutos) e a proteção ambiental em pomares de macieiras com grande variabilidade espacial das propriedades do solo. Para planear um programa de fertilização específico para maçãs, é essencial conhecer a variabilidade espacial das caraterísticas do solo e determinar as necessidades nutricionais da cultura.

A aplicação de técnicas modernas como o SIG e a geoestatística torna-se inevitável para uma gestão eficiente e específica dos nutrientes no local. A geoestatística tem sido considerada como uma ferramenta alargada para a quantificação da variabilidade espacial das caraterísticas do solo e dos nutrientes biodisponíveis, permitindo estimar os valores de locais não amostrados com base em locais amostrados (Jin *et al.,* 2012; Memon *et al.,* 2011). A aplicação uniforme de fertilizantes, independentemente das condições abióticas e edáficas, leva a uma fertilização excessiva ou insuficiente e a perdas de rendimento e de qualidade. As perdas de rendimento podem ser minimizadas através da gestão de nutrientes específica do local. Existe um número limitado de trabalhos sobre a variabilidade espacial de nutrientes em várias culturas agronómicas, mas não foi encontrado nenhum trabalho bem documentado para os solos de pomar na Índia.

Capítulo 2

2. UTILIZAÇÃO DE TÉCNICAS GEO-ESPACIAIS NOS POMARES DE MACIEIRAS

O solo é uma das dádivas mais valiosas da natureza para a humanidade. Este recurso natural é finito por natureza e também não renovável no período de tempo de uma vida humana. No entanto, este recurso natural está sujeito a uma enorme pressão devido à pressão cada vez maior que resulta na diminuição da área agrícola per capita. Neste contexto, é essencial uma gestão óptima da qualidade do solo com um impacto ambiental adverso mínimo, não só para o desenvolvimento sustentável mas também para a sobrevivência humana. Doran et al. (1996) definiram a qualidade do solo como a capacidade do solo para funcionar dentro dos limites do ecossistema e da utilização das terras, para sustentar a produtividade biológica, manter a qualidade ambiental e promover a saúde das plantas, dos animais e do homem. Por outro lado, as alterações da fertilidade do solo e do equilíbrio dos nutrientes são consideradas indicadores-chave da qualidade do solo (Jansen et al., 1995). Uma vez que a fertilidade do solo é geralmente definida como a capacidade inerente de um solo para fornecer nutrientes às plantas em quantidades, formas e proporções adequadas necessárias para o seu crescimento (Von Uexkuell, 1988), nunca é demais salientar a importância de manter todos os nutrientes das plantas no solo de forma adequada e equilibrada. Também é amplamente entendido que o fornecimento adequado de nutrientes essenciais é um fator de crescimento importante para além da disponibilidade de água, utilização de cultivares de maior potencial de rendimento, controlo de doenças, insectos e ervas daninhas para obter maiores rendimentos de culturas (Fageria, 1992). É bem sabido que dezasseis elementos foram até agora identificados como nutrientes essenciais para as plantas, dos quais treze são absorvidos pelas plantas a partir dos solos. Como enfatizado por Arnon et al. (1954) em seu trabalho clássico, a deficiência de qualquer um desses nutrientes essenciais no solo tenderá a limitar o nível de produtividade da cultura em questão. Por conseguinte, para manter um nível de produtividade sustentável em qualquer solo, todos estes nutrientes essenciais têm de ser disponibilizados às plantas em quantidades adequadas e proporcionais. Este é o conceito básico de gestão equilibrada dos nutrientes nos solos cultivados.

O principal objetivo da gestão dos nutrientes nos solos cultivados é obter o rendimento exigido das culturas de uma forma eficiente, económica e sustentável, através da eliminação das limitações, incluindo as deficiências de nutrientes. A importância da gestão dos nutrientes para o crescimento e a produtividade de diferentes culturas agrícolas é conhecida desde há muito tempo e continua a ser considerada como um dos factores mais importantes que determinam a produtividade final das culturas (Streeter e Barta, 1984). A contribuição dos fertilizantes minerais para a produção agrícola foi estimada em cerca de 50% a nível mundial (Stewart et al., 2005). Assim, em primeiro lugar, a produtividade das culturas parece ser uma função importante das práticas de gestão do solo e dos nutrientes. É, pois, necessário um conhecimento profundo do estado dos nutrientes do solo para manter os níveis de produtividade dos solos.

Os solos são caracterizados por um elevado grau de variabilidade espacial devido ao efeito combinado de processos físicos, químicos ou biológicos que operam com diferentes intensidades e a diferentes escalas (Goovaerts et al., 1998). Os ensaios de solos ajudam a quantificar esta variação, conduzindo a uma gestão optimizada da fertilidade dos solos. Bruulsema et al., (2004), também afirmaram que os testes de solo distinguem efetivamente os solos com baixa e alta rentabilidade da resposta das culturas para a maioria dos nutrientes. Dobermann et al. (2005), ao relatarem vários estudos de caso sobre a gestão equilibrada dos nutrientes, salientaram as mudanças nas estratégias de gestão dos nutrientes do solo através da estimativa da eficiência da utilização dos nutrientes a nível do sistema.

Benbi e Brar (2009), ao discutirem vários aspectos da avaliação da fertilidade do solo e dos balanços de nutrientes, afirmaram que o objetivo geral dos ensaios de solos é estimar o poder de fornecimento de nutrientes de um solo. Ao indicar a utilização dos resultados dos ensaios de solos, referiram ainda que os resultados dos ensaios de solos são utilizados para classificar os solos em categorias baixas, médias e altas. Esta classificação baseia-se em estudos de relação entre o teste do solo e a resposta das culturas. A dose de fertilizante é aumentada em 25% em relação à dose geral recomendada se o solo apresentar um nível baixo e diminuída em 25% se o solo apresentar um nível elevado. No entanto, na sua opinião, este método sofre da limitação de recomendar a mesma dose de fertilizante para solos extremamente deficientes e marginalmente deficientes. Por conseguinte, é necessário dar mais ênfase aos programas de análise dos solos para estas explorações marginais, que estão a aumentar constantemente. Bouman et al. (1996) sugeriram que estes problemas podem ser resolvidos através da estimativa do valor das propriedades em locais não amostrados dentro de uma área, com base num número limitado de pontos de amostragem.

O Sistema de Informação Geográfica (SIG) é um sistema assistido por computador para a captura, recuperação do armazenamento, análise e visualização de dados espaciais e não espaciais. A aplicação do SIG vai desde o simples sistema de consulta de dados até à análise complexa e ao sistema de apoio à decisão. O domínio das aplicações vai desde a gestão dos recursos naturais até às aplicações em tempo quase real, como o alerta de inundações, etc. É bem sabido que as variações nas propriedades dos solos agrícolas podem conduzir a práticas inadequadas de gestão do solo, resultando em povoamentos de culturas não homogéneos e, por conseguinte, influenciar o rendimento das culturas. As ideias iniciais de utilização do SIG para gerir estas variações no estado dos nutrientes do solo centraram-se na utilização de mapas do solo para determinar onde as aplicações de fertilizantes poderiam ser aumentadas ou diminuídas para corrigir deficiências, poupar custos de factores de produção e ajudar a obter rendimentos uniformes. Para avaliar a variabilidade espacial dos nutrientes em qualquer área, as amostras de solo são recolhidas em diferentes pontos, registando as suas localizações geográficas através do Sistema de Posicionamento Global (GPS). Este GPS é um sistema de navegação por satélite que pode ser utilizado para identificar as localizações em qualquer ponto da Terra. O GPS permite o posicionamento tridimensional, a navegação e a cronometragem em tempo real e de forma contínua em todo o mundo, em quaisquer condições climatéricas (Sahoo, 2010). Após a análise das amostras, as localizações das amostras e os valores analisados são integrados numa plataforma SIG e é utilizado um método de interpolação adequado para gerar um mapa de superfície contínuo para o parâmetro (Iqbal et al., 2005).

A gestão da fertilidade com base em testes de solo tem sido considerada uma ferramenta eficaz para aumentar a produtividade dos solos cultivados que têm um elevado grau de variabilidade espacial (Goovaerts, 1998). O SIG é definido como um sistema que analisa e apresenta dados referenciados espacialmente (Burrough, 1986). A análise geoestatística e a cartografia baseada em SIG podem efetivamente contrariar esse desafio, fornecendo uma opção para criar mapas de fertilidade do solo de grandes áreas através da interpolação de dados de análise do solo de um pequeno número de amostras. Estes mapas dinâmicos permitirão avaliar a variabilidade na distribuição de nutrientes nativos numa grande área e, assim, ajudar na definição de estratégias de gestão adequada de nutrientes que conduzam a um melhor rendimento e à proteção do ambiente.

A utilização de mapas SIG como ferramenta de apoio à decisão para a gestão de nutrientes não só será útil para a adoção de uma abordagem racional em comparação com as práticas do agricultor ou a utilização generalizada da fertilização recomendada pelo Estado, como também reduzirá a necessidade de actividades elaboradas de análise do solo parcela a parcela.

Samanta et al. (2011), ao discutirem a importância dos mapas SIG, também afirmaram que os países em desenvolvimento precisam de um método barato e fiável de interpretação espacial para compensar a falta de um número adequado de estações de amostragem para a recolha de dados. No entanto, as informações relativas a essa utilização de mapas de fertilidade baseados em SIG são escassas na Índia (Sen e Majumdar, 2006). A utilização atual da tecnologia SIG inclui o planeamento da utilização dos solos, o marketing da investigação, a gestão dos recursos, a análise demográfica e a educação. Tal como referido por Gotway et al. (1996), existem muitas funções num sistema SIG completo. Estas funções variam desde a simples observação de imagens aéreas e o desenho dos limites dos campos para determinar as áreas cultivadas até ao desenvolvimento de mapas complexos com numerosas sobreposições. A agricultura de precisão tem a capacidade de mapear a fertilidade do solo ou o potencial produtivo a partir de levantamentos ou mapas de solos e monitorizar os factores de produção e os rendimentos das culturas em conformidade. Embora os agricultores ou os consultores agrícolas possam não utilizar software informático sofisticado para produzir estes mapas de campo, estão, na sua essência, a trabalhar com um sistema SIG. Embora estes processos pareçam impressionantes, alguns podem pensar que este tipo de gestão só está disponível para aqueles que podem pagar pela informação. Até certo ponto, isto é verdade, mas o domínio dos SIG, tal como o dos computadores, está a evoluir rapidamente e a disponibilidade desta informação tornar-se-á mais facilmente acessível e menos dispendiosa no futuro (Creutin e Obled, 1982).

Muitas novas tecnologias podem ser utilizadas para gerir a fertilidade do solo, tais como sistemas de posicionamento global, monitores de rendimento e outros censores, aplicação de taxa variável e práticas associadas como a amostragem do solo em grelha. No entanto, a utilização destas tecnologias também requer informações sobre a variabilidade do fornecimento de nutrientes e o seu efeito no rendimento das culturas. Do mesmo modo, os solos agrícolas são geralmente caracterizados por um elevado grau de variabilidade espacial devido ao efeito combinado de processos físicos, químicos ou biológicos que operam a diferentes escalas (Goovaerts, 1998). É provável que tais variações ocorram não só em áreas de grandes dimensões, mas também em campos mais pequenos (Godwin e Miller, 2003). Santra et al. (2008) afirmaram que a forma mais importante de reunir conhecimentos neste domínio é preparar mapas do solo através da interpolação espacial de medições pontuais das propriedades do solo. A variabilidade espacial de cada atributo pode ser avaliada utilizando estatísticas descritivas espaciais (Iqbal et al., 2005).

2.1 ÁREA DE ESTUDO E METODOLOGIA

O presente estudo foi efectuado na região de Kinnaur, que se estende de 30°22'40" a 33°12'40"N de latitude e de 75°47'55" a 79°04'20"E de longitude (Figura 2.1). É um distrito fronteiriço do nordeste dos Himalaias ocidentais indianos, que se estende por uma área de mais de 6 400 km2 . Geograficamente, Kinnaur é quase igualmente dividido pelo rio Sutlej. Kinnaur partilha a sua fronteira oriental com o Tibete. Kinnaur tem três cordilheiras paralelas, ou seja, i) as montanhas de Zanskar, ii) os Grandes Himalaias, iii) a crista da cordilheira de Dhauladhar. Devido à grande variação das coordenadas geoespaciais (elevação, latitude e longitude), da topografia, do clima e das condições fisiográficas em Kinnaur, a paisagem é dotada de uma rica diversidade florística.

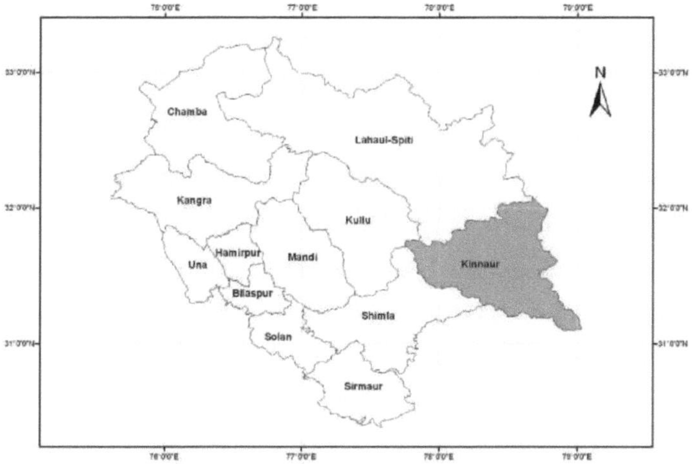

Figura 2.1 Mapa de Himachal Pradesh

Quadro 2.1 Caraterísticas do distrito em estudo

District	Total Geographical Area (sq. km)	No. Of Blocks	Area under Apple (ha)	% of Geographical Area
Kinnaur	6401	3	10,487	1.64

Devido à sua localização, Kinnaur tem um clima temperado fresco. Caracteriza-se por longos Invernos, de outubro a março, e Verões curtos, de junho a setembro. A precipitação é baixa. A quantidade de precipitação diminui progressivamente para além de Wangtu. As condições climáticas nos diferentes vales de Kinnaur não variam apenas com a altitude, mas também com a direção e a largura dos vales. As classes de textura do solo em Kinnaur variam geralmente entre areia, argila arenosa com cascalho e argila argilosa. As rochas encontradas no distrito são principalmente granito, ardósia, xisto, gnaisse, filito, quartzito e calcário. O clima de Kinnaur é frio e seco e é ideal para a produção de frutos de qualidade temperada. As maçãs, os alperces, as amêndoas e as nozes são cultivados em todo o distrito.

2.1.1 Recolha de amostras de solo e de plantas

O distrito de Kinnaur é constituído por três zonas microclimáticas, nomeadamente Nichar,

Kalpa e Pooh (unidades administrativas/blocos). Os pomares de macieiras estão espalhados nas encostas (lado da montanha) de grau variável em diferentes aspectos das colinas, como sudoeste, sudeste, noroeste e nordeste. Foi realizada uma série de inquéritos de campo nos três blocos do distrito. Os inquéritos de campo centraram-se nos pomares de maçã com a var. Royal delicious, que é a mais cultivada e famosa. Foram selecionados oitenta e dois (82) locais no distrito para a recolha de amostras de solo e de folhas (Figura 2.2). As coordenadas geoespaciais de cada local de observação foram registadas utilizando o sistema de posicionamento global (GPS) e a idade e o rendimento das árvores foram também registados com base nas informações dos agricultores.

Foram recolhidas amostras georreferenciadas e representativas de solo e de folhas de pomares de macieiras de locais selecionados, numa grelha de 1 a 1,5 km^2, em três quarteirões do distrito de Kinnaur, dependendo da homogeneidade da área, entre a primeira semana de novembro e a primeira semana de dezembro. Quatrocentos e dez números (410) de amostras de solo estratificadas à superfície (0-0,20 m) e à sub-superfície (0,20 -0,40 m), abrangendo três blocos do distrito de Kinnaur, foram recolhidos com um trado na latitude 30°22'40" a 33º12'40'''N e na longitude 75°47'55" a 79º04'20''E. As folhas da cultivar comercial (Royal delicious) foram colhidas nos mesmos pomares/locais em que foi efectuada a amostragem do solo. As macieiras envolvidas no estudo variavam em termos de estádio de desenvolvimento, com idades compreendidas entre os 10 e os 40 anos e caraterísticas de crescimento do tipo padrão. As amostras de folhas foram colhidas de acordo com folhas foram colhidas de acordo com o procedimento descrito por Chapman (1964). As amostras de solo e de folhas foram processadas de acordo com os procedimentos normalizados e os requisitos das análises.

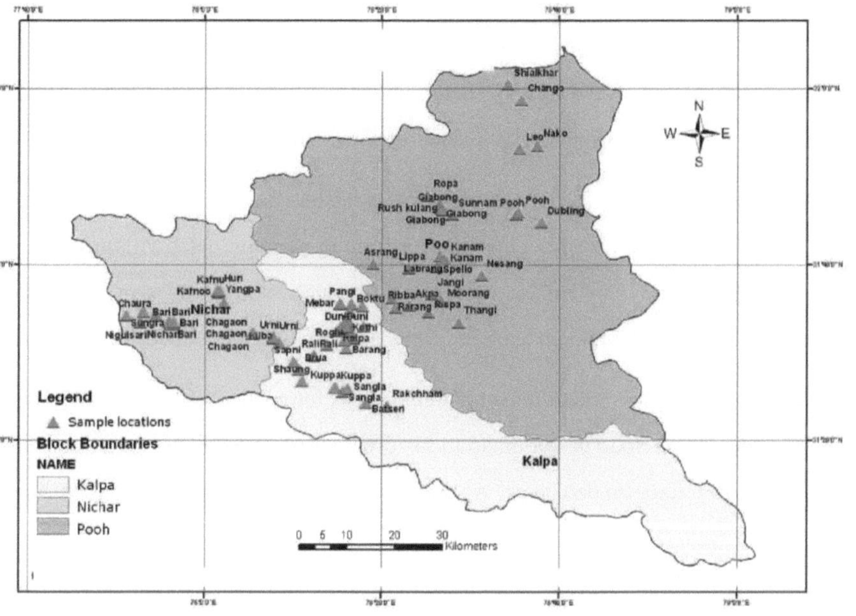

Figura 2.2 Localização geográfica da área de estudo

2.1.2 Análise de amostras de solo e de plantas

As amostras de solo foram moídas e passadas por um peneiro de 2 mm. O pH do solo foi medido em suspensão 1:2 solo:água utilizando um medidor de pH com elétrodo de vidro. Outras análises do solo incluíram o carbono orgânico pelo método de titulação rápida (Walkley e Black 1934). O azoto disponível (N) foi estimado pelo método do permanganato alcalino de Subbiah e Asija (1956). O fósforo disponível (P) foi extraído com uma solução de NaHCO3 0,5 M tamponada a pH 8,5 (Olsen et al. 1954). O fósforo no extrato foi determinado pelo desenvolvimento de cor azul usando o método do ácido ascórbico. O potássio disponível (K) foi extraído agitando a quantidade necessária de amostra de solo com solução IN NH_4OAc (pH 7,0) (1:5 solo: proporção de solução) durante 5 minutos. O filtrado foi utilizado para determinar o K disponível com a ajuda de um fotómetro de chama (Pratt 1982). O zinco (Zn), ferro (Fe), cobre (Cu) e manganês (Mn) disponíveis nas amostras de solo foram estimados por espetrofotómetro de absorção atómica seguindo o método de extração DTPA (Lindsay e Norvell 1978). O B e o Mo disponíveis foram extraídos em água quente e em solução ácida de oxalato de amónio de pH 3,3 e depois determinados pelos métodos do Carmim (Hatcher e Wilcox, 1950) e do cloreto estanoso (Johnson e Arkley, 1950), respetivamente.

As amostras de plantas foram digeridas numa mistura de ácido nítrico e perclórico 4:1. O digerido foi dissolvido em água bidestilada e filtrado para um balão volumétrico de 100 ml. A fim de obter uma transferência completa do material digerido, foram efectuadas três lavagens do balão de digestão com água bidestilada e o volume foi aumentado para 100 ml.

Zn, Cu, Mn Fe foram determinados num espetrofotómetro de absorção atómica. O P foi determinado pelo método de cor amarelo fosfórico vanadomolibdénio (Jackson, 1973). K foi estimado num fotómetro de chama. As determinações de Ca e Mg foram efectuadas pelo método do versenato (Kanwar e Chopra, 1976).

Para a estimativa de B e Mo, a incineração a seco do material vegetal foi efectuada a 550°C durante três horas e as cinzas foram retiradas em 10 ml de HC1 6,5N. O B e o Mo foram então determinados pelos métodos do carmim (Hatcher e Wilcox, 1950) e do cloreto estanoso de tiocinato (Jhonson e Arkley, 1950), respetivamente.

Para a estimativa de N, o material vegetal foi digerido em ácido sulfúrico concentrado na presença de uma mistura de digestão de sulfato de potássio, sulfato ferroso e sulfato de cobre, na proporção de 10:1:0,5 e o N foi determinado pelo método de Micro-Kjeldahl (Jackson, 1973).

Os limites críticos foram utilizados para classificar os dados das análises em vários grupos de fertilidade do solo (quadro 3.1). Para classificar as amostras de folhas em diferentes categorias de níveis nutricionais, as normas de trabalho provisórias para as maçãs foram as do Laboratório de Análise de Plantas da Universidade do Estado de Ohio (quadro 2.1).

Quadro 2.1 Índices de fertilidade do solo para nutrientes disponíveis

pH range	**Denominations**
5.1 – 5.5	Strongly acidic
5.6 – 6.0	Moderately acidic
6.1 – 6.5	Slightly acidic
6.6 – 7.3	Neutral
7.4 – 7.8	Slightly alkaline

Soil Characteristics	Normal soil	Very slightly saline soil
EC (ds m^{-1})	< 0.4	> 0.4

Nutrient element	**Soil fertility classes**				
	Very low	Low	Medium	High	Very high
OC (%)		< 0.5	0.5-1.0	1.0- 2.50	> 2.50

Macronutrients				
	Very low	Low	Medium	High
N(Kg ha^{-1})		< 272	272 - 544	> 544
P (Kg ha^{-1})		< 11.2	11.2 – 22.4	> 22.4
K (Kg ha^{-1})		< 114	114 – 277	>277
Ca (ppm)	< 700	701- 1200	1201- 1800	> 1800
Mg (ppm)	< 500	501- 900	901- 1300	> 1300

Micronutrients (ppm)				
	Deficient	Sufficient	High	Very high
Zn	< 0.6	0.6 – 1.20	1.2 – 3.50	> 3.50
Cu	< 0.2	0.2 - 2.0	> 2.0	
Fe	< 4.5	4.5– 25	26 – 50	> 50
Mn	< 1.0	1.0 - 5.0	5.0 – 20	> 20
B	< 0.46	> 0.46	-	-
Mo	< 0.1	> 0.1	-	-

Quadro 2.2 Normas de trabalho provisórias para a maçã (folhas)

Nutrient element	Deficient	Insufficient	Sufficient	High
Macronutrients (%)				
N	<1.50	1.50-1.80	1.81-2.50	>2.50
P (%)	<0.14	0.14-0.18	0.19-0.28	>0.28
K (%)	<1.00	1.00-1.20	1.21-1.80	>1.80
Ca (%)	<1.00	1.00-1.20	1.21-1.80	>1.80
Mg (%)	<0.20	0.20-0.24	0.25-0.36	>0.36
Micronutrients (ppm)				
	Deficient	Insufficient	Sufficient	High
Zn	< 15.0	15.0-20.0	20.1-50.0	>50.0
Cu	< 5.0	5.0-10.0	10.1-20.0	>20.0
Fe	< 30.0	30.0-35.0	35.1-150.0	>150.0
Mn	< 25.0	25.0-30.0	30.1-150.0	>150.0
B	< 20.0	20.0-28.0	28.1-50.0	>50.0
Mo	< 0.40	0.40-0.50	0.51-1.50	>1.50

O coeficiente de variância foi utilizado para examinar a variabilidade das propriedades do solo e dos nutrientes do solo e das folhas dos pomares de macieiras. As propriedades do solo e os nutrientes com valores de CV% < 15% foram agrupados como menos variáveis, enquanto aqueles com CV entre 15 e 35% foram classificados como moderadamente variáveis. Os valores do coeficiente de variância superiores a 35% indicam uma variabilidade elevada (Wilding, 1985).

2.1.3 Geoestatística e geração de mapas temáticos espaciais

A análise geoestatística foi utilizada para descrever a variabilidade espacial. As grelhas de amostragem foram digitalizadas como polígonos utilizando software GIS. O procedimento geoestatístico de Kriging foi utilizado para a interpolação de dados de grelha para compreender a correlação espacial entre observações vizinhas e para preparar mapas de contorno. Os resultados da análise do solo e da planta foram utilizados na análise estatística descritiva, calculando a média, os valores mínimos e máximos, a assimetria e a curtose. A dependência espacial foi analisada por semi-variograma com base nos pressupostos de estacionariedade aceites, que constituem uma hipótese intrínseca da teoria das variáveis regionais (Webster, 1985).

$$S^2 = 1/2\,m \sum_{i=1}^{m} [z(xi) - z(xi + h)]^2$$

em que S^2 é a semivariância para m pares de observações e Z(xi) e Z (xi + h) são observações separadas por uma distância h, geralmente designada por desfasamento. Foram estimados os coeficientes do modelo teórico do semivariograma, nomeadamente o efeito pepita e a soleira da faixa. O grau de dependência espacial das propriedades em estudo foi interpretado pela classificação de Cambardella, et.al. (1994), que considera forte a dependência espacial do semi-variograma com relação nugget % to sill <25%, moderada quando a relação está entre 25 e 75% e fraca quando a relação é > 75%.

As amostras de solo e de plantas foram recolhidas utilizando GPS para marcar a localização das amostras (ou seja, coordenadas x, y). Estes pontos de localização foram introduzidos no ambiente SIG para gerar o mapa do local de amostragem (Figura 2.1). Depois de analisar as amostras em relação a vários nutrientes e de as agrupar em categorias com base nos critérios apresentados nos quadros 2.1 e 2.2, os valores foram marcados com cada ponto. Os pontos com a mesma categoria foram agrupados numa classe como um polígono e os mapas para nutrientes individuais foram gerados e digitalizados no Arc GIS. Os mapas temáticos foram preparados utilizando a krigagem ordinária para a dependência espacial e essas técnicas foram utilizadas com êxito pelos investigadores para delinear várias zonas com baixo, médio e elevado teor de nutrientes para a gestão específica dos nutrientes no local (Shah *et al.,* 2013).

Capítulo 3

3. CARACTERIZAÇÃO DOS POMARES DE MACIEIRAS

O distrito de Kinnaur ocupa o quinto lugar na área de plantação de maçãs e o quarto na produção em Himachal Pradesh. A área total de plantação de macieiras comunicada pelo Departamento Estatal de Horticultura é de 12 281 ha para o ano de 2013-14. Para o estudo, foram recolhidas amostras georreferenciadas e representativas do solo e das folhas de pomares de macieiras de locais selecionados.

A altitude dos pomares selecionados para amostragem variava entre 1700 e 3459 metros acima do nível médio do mar. A maioria dos pomares de macieiras (88,0%) estava concentrada entre 2000 e 3000 metros de altitude (Figura 3.1). Quase cinquenta e oito por cento dos pomares de macieiras crescem em encostas viradas a Sudeste (SE) e Sudoeste (SW) e têm melhor crescimento e produtividade (Figura 3.1). A idade das árvores e a produtividade média dos pomares em estudo variavam entre 10 e 40 anos e 2,5 e 37,5 t/ha, respetivamente.

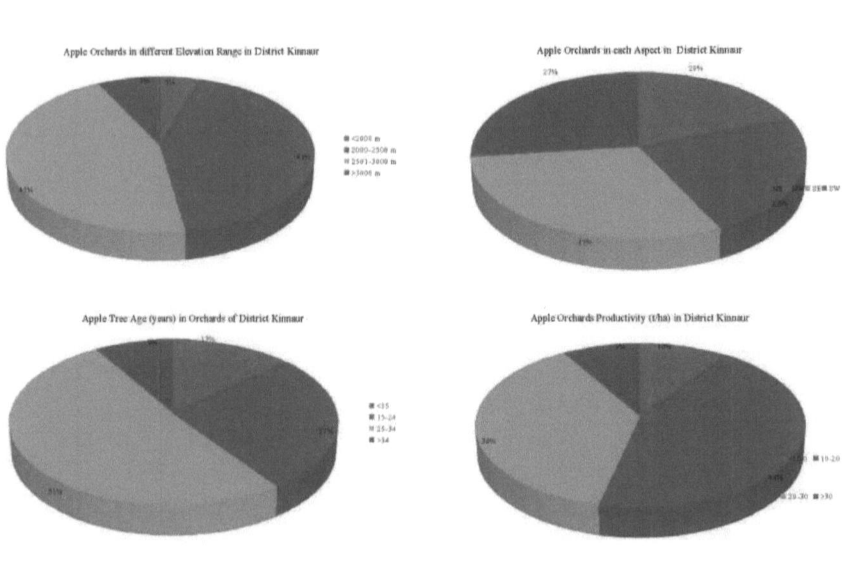

Figura 3.1 Caracterização dos pomares de macieiras em termos de aspeto, elevação, idade das árvores e produtividade no distrito de Kinnaur

Capítulo 4

4. VARIABILIDADE DAS CARACTERÍSTICAS DO SOLO E DOS NUTRIENTES

EM POMARES DE MACIEIRAS

4. 1 CARACTERÍSTICAS QUÍMICAS DOS SOLOS DOS POMARES

4.1.1 Reação do solo

O pH do solo é uma propriedade importante do solo, que afecta a disponibilidade de vários nutrientes para as plantas. É uma medida de acidez e alcalinidade e reflecte o estado de saturação de bases. O pH do solo de um pomar de macieiras variava entre 5,53 e 7,55, com um valor médio de 6,69 (Quadro 4.1 do *Apêndice -A*) e a distribuição espacial dos solos dos pomares de macieiras do distrito de Kinnaur é apresentada na figura 4.2. Os dados revelam que os solos moderadamente ácidos representam 8,5% dos pomares de macieiras, seguidos de solos de pomares ligeiramente ácidos (24,4%), neutros (63,4%) e ligeiramente alcalinos (3,7%). O pH neutro pode ser atribuído à reação do material fertilizante aplicado com os colóides do solo, o que resultou na retenção de catiões básicos no complexo permutável do solo. Entre os blocos, o pH variou de 5,53 a 7,19, 5,86 a 7,14 e 6,13 a 7,55 em Nichar, Kalpa e Pooh, respetivamente.

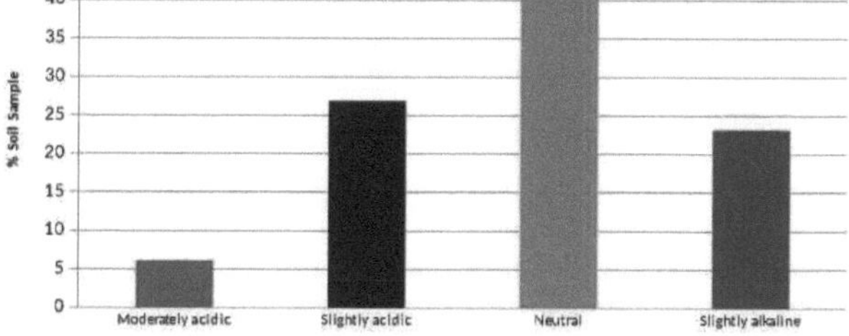

Distribuição da reação do solo em pomares de macieiras do distrito de Kinnaur.

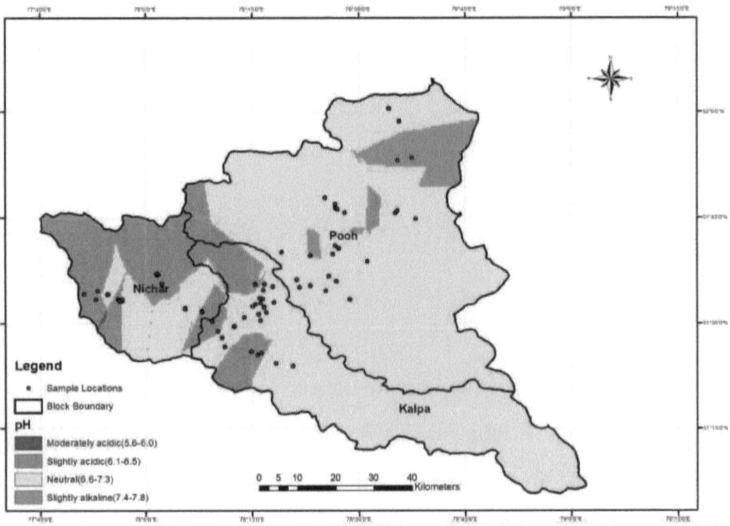

Figura 4.2 Variabilidade espacial da reação do solo (pH) nos solos dos pomares de macieiras de Distrito de Kinnaur (HP)

4.1.2 Condutividade eléctrica

A condutividade eléctrica (CE) indica a concentração de sais no solo e varia entre 0,11 e 0,86 dS m'1 nos pomares de macieiras do distrito, com um valor médio de 0,26 dS m'1 (Quadro 4.1, apresentado no *Apêndice -A*) e a distribuição espacial nos solos dos pomares de macieiras no distrito de Kinnaur é apresentada na figura 4.3. Todas as amostras de solo estavam na faixa normal de CE. Os dados revelam que cerca de 95% dos solos dos pomares têm CE abaixo de 0,4 dS m^1. O valor normal da CE dá uma ideia de que, de um modo geral, a salinidade não é um problema no distrito de Kinnaur. Entre os blocos, a CE variou de 0,14 a 0,86 dS m^1, 0,11 a 0,62 dS m'1 e 0,17 a 0,51 dS m'1 em Nichar, Kalpa e Pooh, respetivamente.

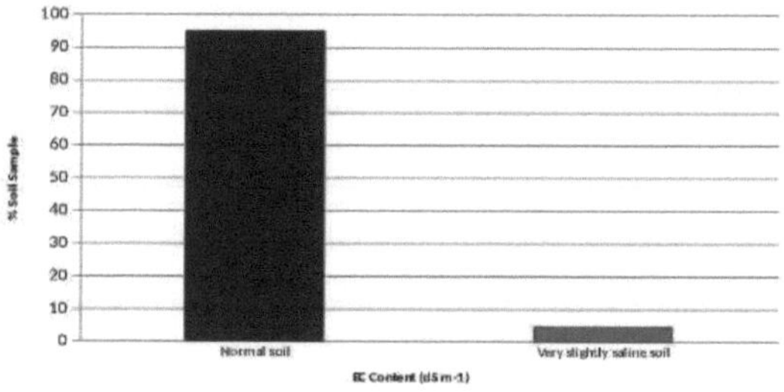

Distribuição da condutividade eléctrica do solo em pomares de macieiras do distrito de Kinnaur.

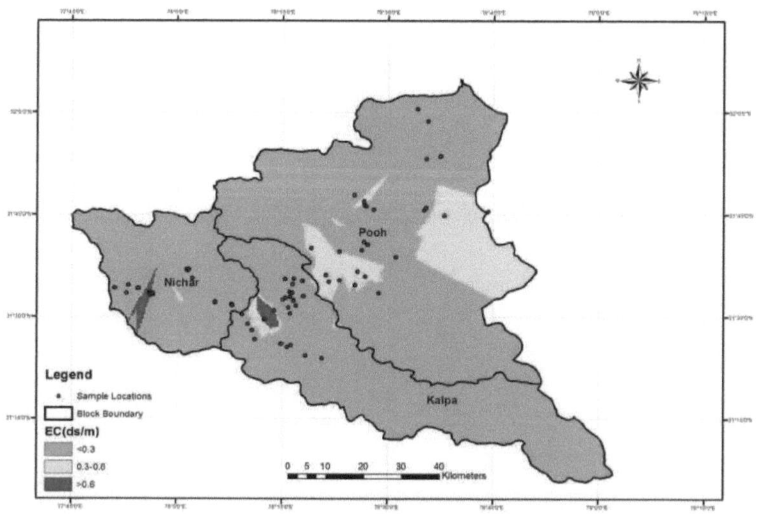

Figura 4.3 Variabilidade espacial da condutividade eléctrica nos solos dos pomares de macieiras do distrito de Kinnaur (HP)

4.1.3 Carbono orgânico

O efeito da matéria orgânica do solo nas propriedades do solo é bem conhecido. A matéria orgânica do solo desempenha um papel vital no fornecimento de nutrientes às plantas, na capacidade de troca catiónica, na melhoria da agregação do solo e, consequentemente, na retenção de água e na atividade biológica do solo. O conteúdo de carbono orgânico (OC) desses solos variou entre 0,84 e 5,55 por cento com um valor médio de 3,25 por cento (Tabela 4.1 como dado no *Apêndice -A)* e a distribuição espacial em solos de pomar de maçã no distrito de Kinnaur é apresentada na figura 4.4. Considerando os solos com menos de 0,5 % OC como baixo, 0,5-1,00 % como médio, 1,0- 2,50 % como alto e >2,50 % como muito alto no estado OC, a distribuição das amostras de solo nestas categorias foi de 1,2, 28,0, 45,1 % e 25,7 %, respetivamente. Entre os blocos, o percentual de OC variou de 1,35 a 4,50, 0,84 a 4,73 e 1,29 a 5,55 em Nichar, Kalpa e Pooh, respetivamente (Tabela 4.2).

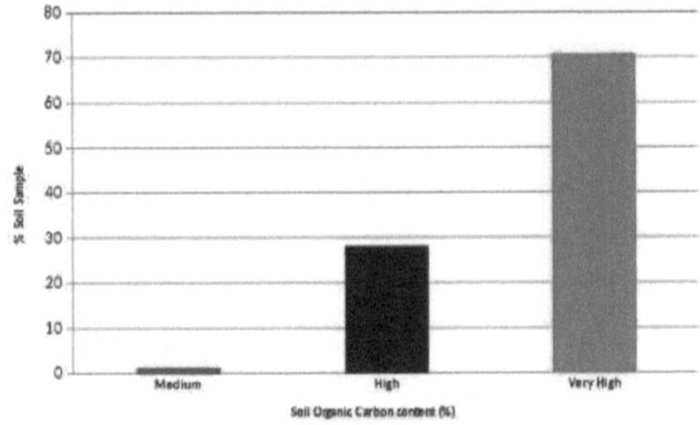

Distribuição do carbono orgânico do solo em pomares de macieiras do distrito de Kinnaur.

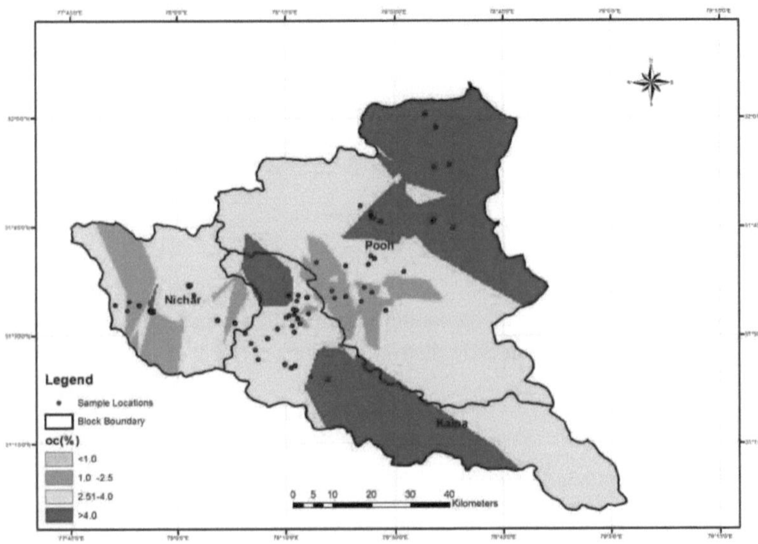

Figura 4.4 Variabilidade espacial do carbono orgânico nos solos dos pomares de macieiras do distrito Kinnaur (HP)

4.2 VARIABILIDADE ESPACIAL DOS NUTRIENTES DO SOLO EM POMARES DE MACIEIRAS

4.2.1Macronutrientes

Os nutrientes como o azoto (N), o fósforo (P) e o potássio (K) são considerados nutrientes primários; o cálcio (Ca) e o magnésio (Mg) são considerados nutrientes secundários. Estes nutrientes contribuem para o crescimento, o desenvolvimento e a diferenciação da produção das plantas e são geralmente necessários em grandes quantidades.

4.2.1.1 Azoto disponível

O azoto é um componente integral de muitos compostos, incluindo a clorofila e as enzimas essenciais para o crescimento das plantas. É um constituinte essencial dos aminoácidos, que são os blocos de construção dos tecidos vegetais, dos núcleos celulares e do protoplasma. Favorece o crescimento vegetativo acima do solo e a cor verde profunda das folhas.

O teor de azoto disponível nos solos dos pomares de macieiras variava entre 250 e 672 kg/ha, com um valor médio de 508,7 kg/ha (Quadro 4.3, apresentado no *Apêndice -A*) e a distribuição espacial dos solos dos pomares no distrito é apresentada na figura 4.5. Entre os blocos, o teor de azoto disponível variou de 250 a 672, 280 a 650 e 350 a 652 kg/ha em Nichar, Kalpa e Pooh, respetivamente (Quadro 4.4 do Apêndice *-A)*.

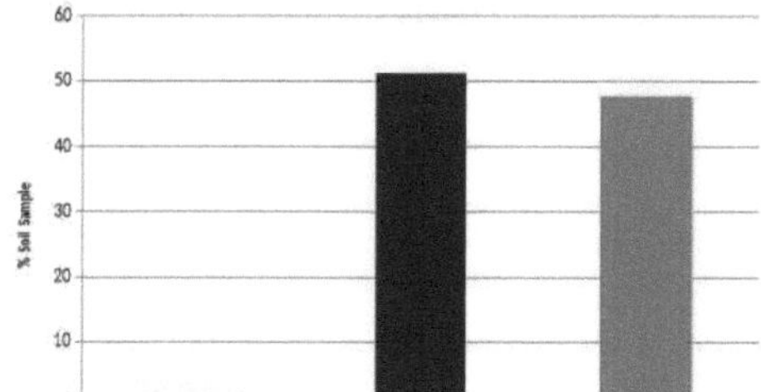

Distribuição do nitrogénio disponível nos pomares de macieiras do distrito de Kinnaur.

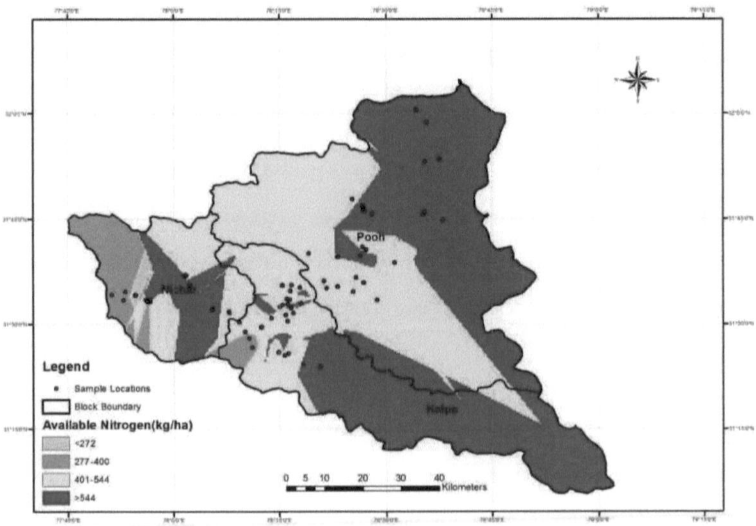

Figura 4.5 Variabilidade espacial do azoto disponível nos solos dos pomares de macieiras do distrito de Kinnaur (HP)

4.2.1.2 Fósforo disponível

O fósforo é um componente importante do di-fosfato de adenosina (ADP) e do tri-fosfato de adenosina (ATP), que participa na transformação de energia nas plantas. É um componente essencial do ácido desoxirribonucleico (ADN), a sede do património genético nas plantas e nos animais. O fósforo participa em funções importantes como a fotossíntese, a fixação do azoto, o desenvolvimento das raízes, etc. A disponibilidade de fósforo é limitada sob reação ácida e alcalina do solo, principalmente devido à fixação de P.

O conteúdo de fósforo disponível nestes solos de pomar variou entre 14 e 188 kg/ha com um valor médio de 72,04 kg/ha (Tabela 4.3 como dado no *Apêndice - A*) e a distribuição espacial nos solos de pomar de maçã no distrito é apresentada na figura 4.6. Entre os blocos, o teor de fósforo disponível variou de 16 a 183, 21 a 188 e de 14 a 161 kg/ha em Nichar, Kalpa e Pooh, respetivamente (Quadro 4.4, apresentado em *Apêndice -A).*

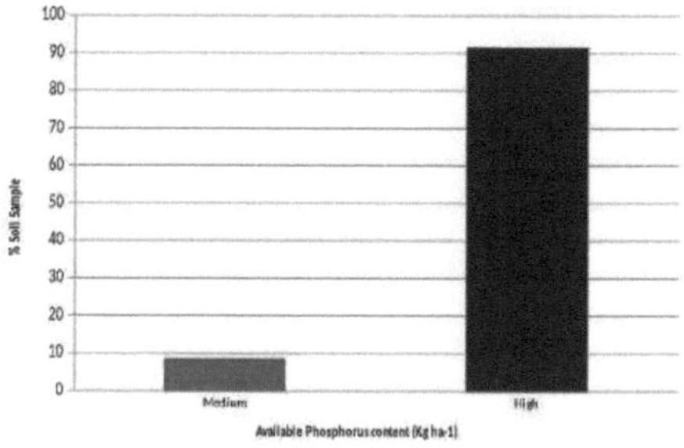

Distribuição do fósforo disponível nos pomares de macieiras do distrito de Kinnaur.

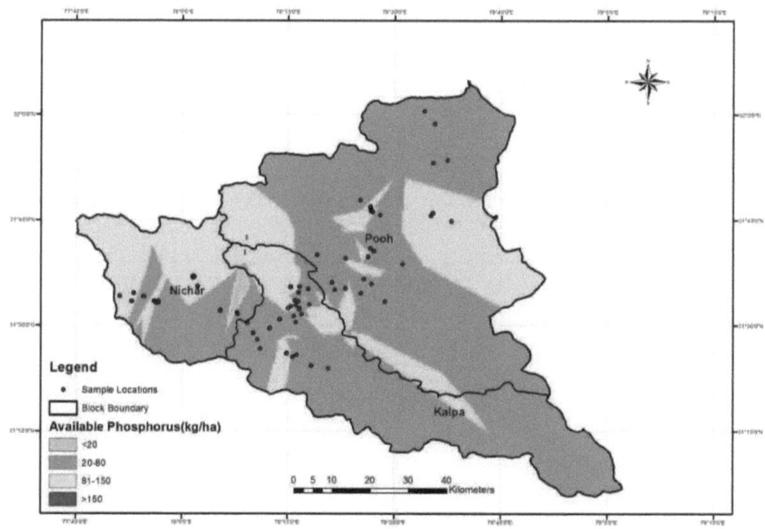

Figura 4.6 Variabilidade espacial do fósforo disponível nos solos dos pomares de macieiras do distrito de Kinnaur (HP)

4.2.1.3 Potássio disponível

O potássio é um ativador de várias enzimas responsáveis por processos vegetais como o metabolismo energético, a síntese de amido, a redução de nitratos e a degradação de açúcares. É extremamente móvel na planta e ajuda a regular a abertura e o fecho dos estomas nas folhas e a absorção de água pelas células das raízes. É importante no desenvolvimento da cor e favorece a resistência das culturas a certas doenças fúngicas e bacterianas.

O teor de potássio disponível nestes solos variou de 168 a 829 kg/ha, com um valor médio de 439,2 kg/ha (Quadro 4.3 do *Apêndice -A*) e a distribuição espacial nos solos dos pomares de macieiras do distrito é apresentada na figura 4.7. Entre os blocos, o conteúdo de potássio disponível variou de 251 a 827, 168 a 826 e 177 a 829 kg/ha em Nichar, Kalpa e Pooh, respetivamente (Tabela 4.4 como dado no Apêndice *-A)*.

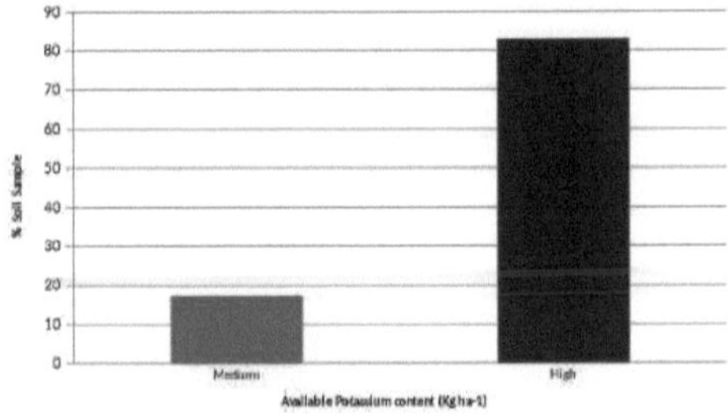

Distribuição do potássio disponível nos pomares de macieiras do distrito de Kinnaur.

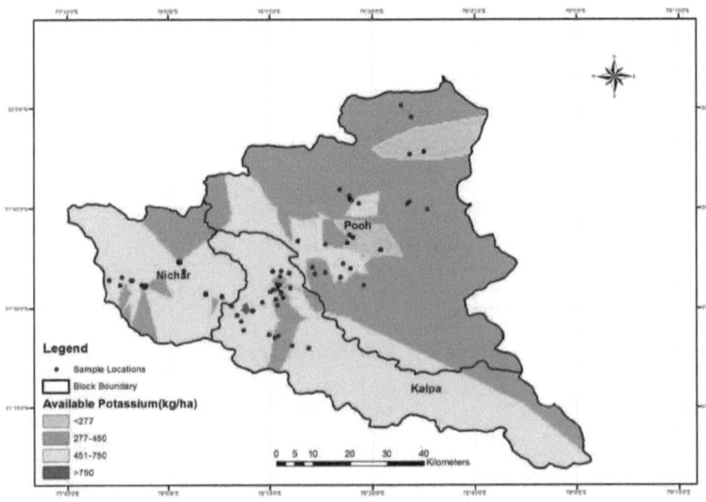

Figura 4.7 Variabilidade espacial do potássio disponível nos solos dos pomares de macieiras do distrito Kinnaur (HP)

4.2.1.4 Cálcio permutável

O conteúdo de cálcio trocável nos solos superficiais do distrito variou entre 570 e 2090 kg/ha com um valor médio de 1431,6 kg/ha (Tabela 4.3 como dado no *Apêndice -A*) e a distribuição espacial nos solos dos pomares de maçã é apresentada na figura 4.8. Entre os blocos, o teor de cálcio disponível variou de 570 a 1890, 650 a 1920 e 950 a 2090 ppm em Nichar, Kalpa e Pooh, respetivamente (Quadro 4.4, apresentado no Apêndice *-A).*

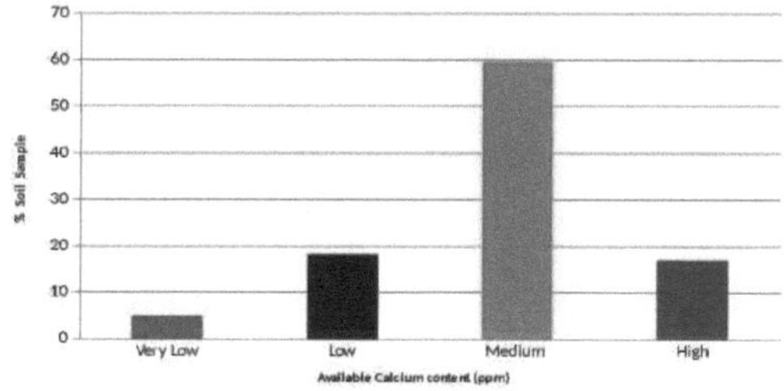

Distribuição do cálcio disponível nos pomares de macieiras do distrito de Kinnaur.

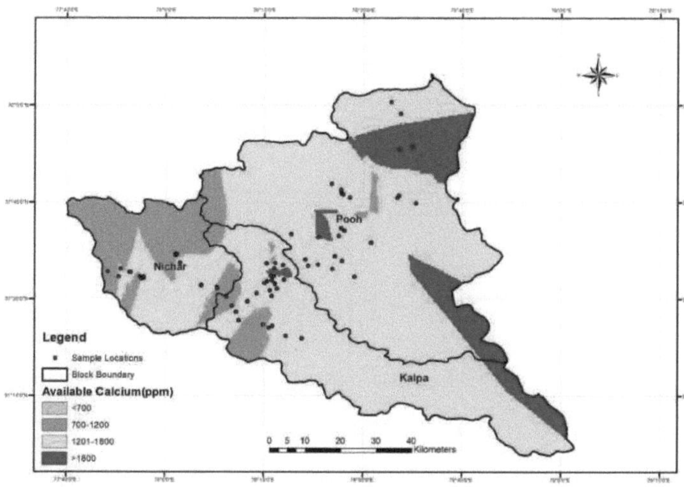

Figura 4.8 Variabilidade espacial do cálcio permutável nos solos dos pomares de macieiras do distrito de Kinnaur (HP)

4.2.1.5 Magnésio permutável

O teor de magnésio permutável nos solos dos pomares de macieiras do distrito variou de 395,0 a 1663,0 kg/ha com um valor médio de 995,9 kg/ha (Tabela 4.3 como dado no *Apêndice -A*) e a distribuição espacial nos solos dos pomares de macieiras é apresentada na figura 4.9. Entre os blocos, o teor de magnésio disponível variou de 395 a 1663, 470 a 1350 e 598 a 1400 ppm em Nichar, Kalpa e Pooh, respetivamente (Quadro 4.4).

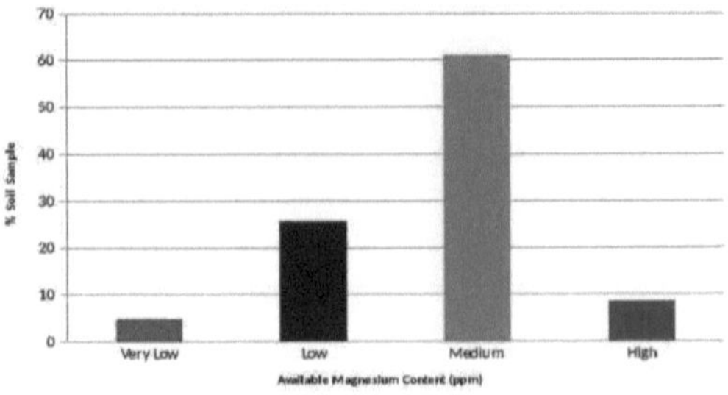

Distribuição do magnésio disponível nos pomares de macieiras do distrito de Kinnaur.

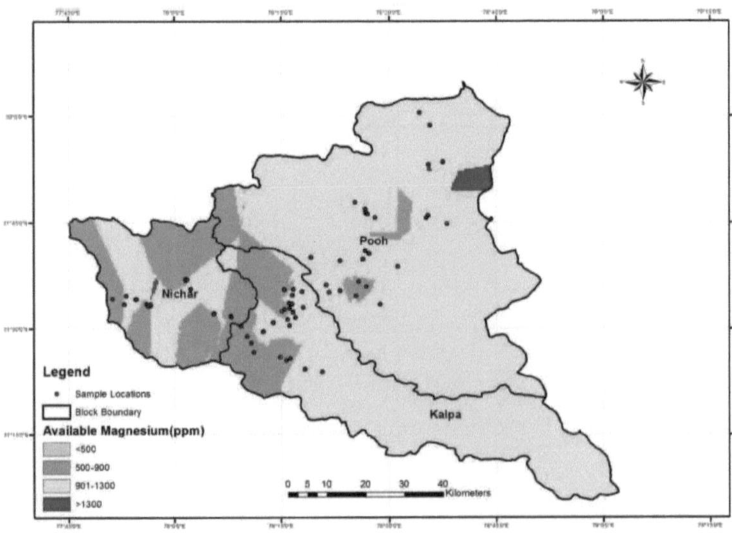

Figura 4.9 Variabilidade espacial do magnésio permutável nos solos dos pomares de macieiras do distrito de Kinnaur (HP)

4.2.2Micronutrientes

O conhecimento correto da disponibilidade de micronutrientes nos solos e da extensão das suas deficiências é o pré-requisito para uma gestão eficaz dos fertilizantes com micronutrientes, a fim de manter a produtividade e a qualidade dos produtos. Por conseguinte, é essencial conhecer o estado dos micronutrientes no solo para evitar a aplicação excessiva ou insuficiente de fertilizantes/formulações de micronutrientes.

4.2.2.1 Ferro disponível

O ferro é constituinte dos citocromos, das enzimas haem e não haem. É capaz de atuar como transportador de electrões em muitos sistemas enzimáticos que provocam 13 reacções de oxidação-redução nas plantas. Promove a formação de amido e a maturação das sementes.

O teor de ferro disponível nos solos superficiais variou entre 2,80 e 69,7 mg kg'[1] com um valor médio de 22,4 mg kg'[1] (Quadro 4.5, como indicado no *Apêndice -A)* e a distribuição espacial nos solos dos pomares de macieiras no distrito de Kinnaur é apresentada na figura 4.10. Entre os blocos, o teor de ferro disponível (ppm) variou de 7,0 a 42,2, 3,7 a 69,7 e 2,80 a 24,70 em Nichar, Kalpa e Pooh, respetivamente (Quadro 4.6 do Apêndice *-A).*

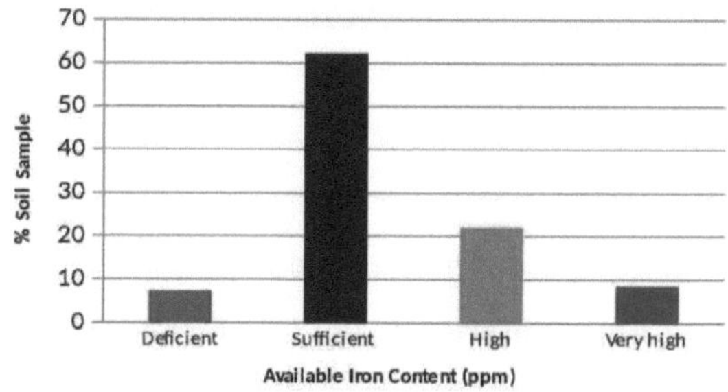

Distribuição do ferro disponível nos pomares de macieiras do distrito de Kinnaur.

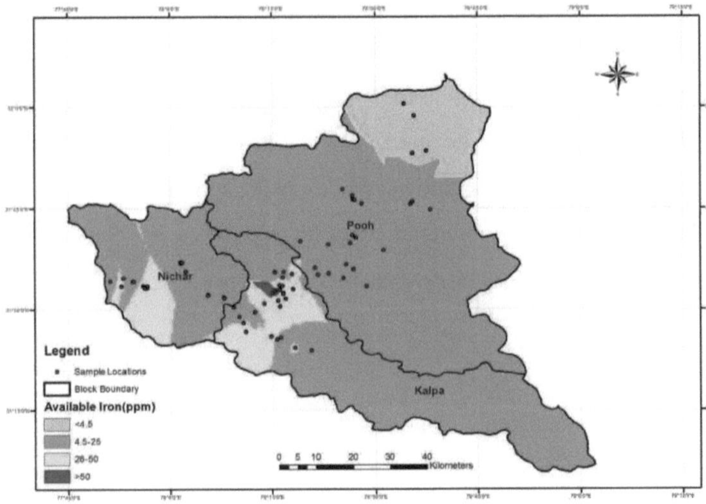

Figura 4.10 Variabilidade espacial do ferro disponível nos solos dos pomares de macieiras do distrito de Kinnaur (HP)

4.2.2.2 Manganês disponível

O manganês é essencial na fotossíntese e nas transformações do azoto nas plantas. Ativa as enzimas descarboxilase, desidrogenase e oxidase.

O conteúdo de manganês disponível nos solos superficiais variou entre 11,5 e 37,0 mg kg'[1] com um valor médio de 20,7 mg kg'[1] (Tabela 4.5 como dado no *Apêndice -A*) e a distribuição espacial nos solos dos pomares de maçã no distrito é apresentada na figura 4.11. Entre os blocos, o teor de manganês disponível (ppm) variou de 13 a 31, 12 a 33 e 11,5 a 37 em Nichar, Kalpa e Pooh, respetivamente (Quadro 4.6 do *Apêndice -A).*

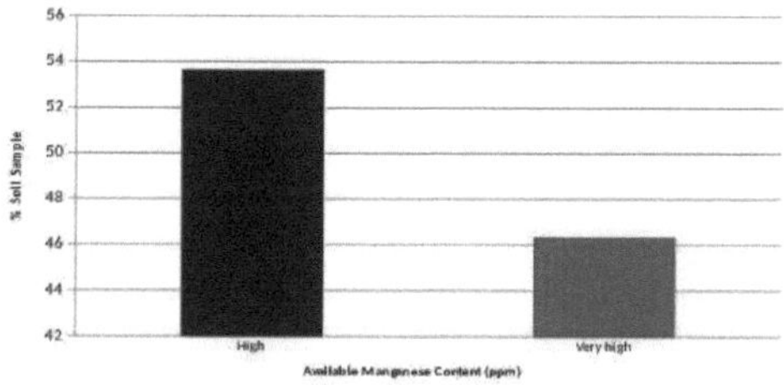

Distribuição do manganês disponível nos pomares de macieiras do distrito de Kinnaur.

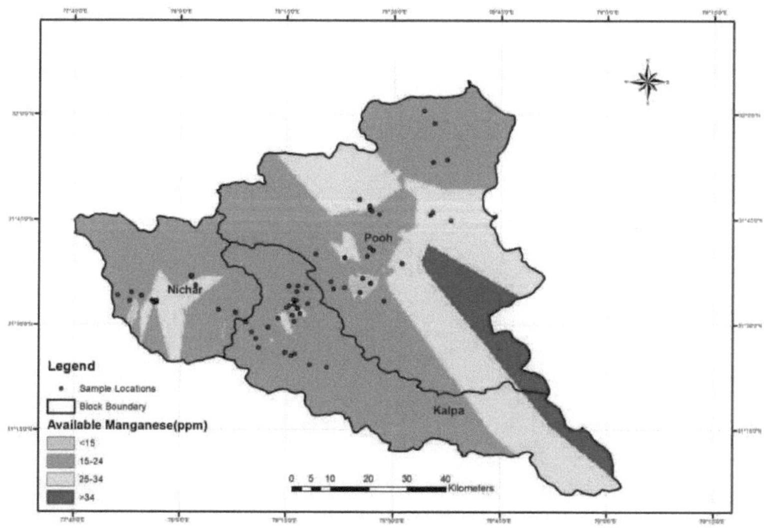

Figura 4.11 Variabilidade espacial do manganês disponível nos solos dos pomares de macieiras do distrito de Kinnaur (HP)

4.2.2.3 Zinco disponível

O zinco desempenha um papel na síntese de proteínas, no processo reprodutivo de certas plantas e na formação de amido e de algumas hormonas de crescimento. Promove a maturação e a produção de sementes.

O teor de zinco disponível nos solos dos pomares variou entre 0,5 e 4,90 mg kg^{-1} com um valor médio de 2,37 mg kg^{-1} (Tabela 4.5 como dado no *Apêndice -A*) e a distribuição espacial nos solos dos pomares de macieiras no distrito de Kinnaur é apresentada na figura

4.12. Entre os blocos, o teor de zinco disponível (ppm) variou de 0,50 a 4,90, 0,9 a 4,1 e 1,0 a 3,80 em Nichar, Kalpa e Pooh, respetivamente (Quadro 4.6, apresentado no *Apêndice -A).*

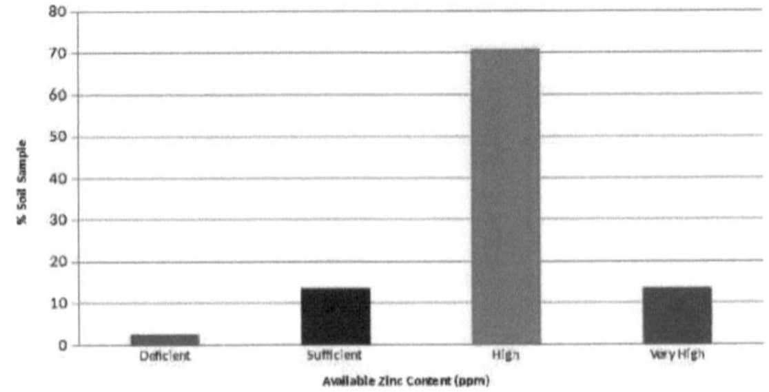

Distribuição do zinco disponível nos pomares de macieiras do distrito de Kinnaur.

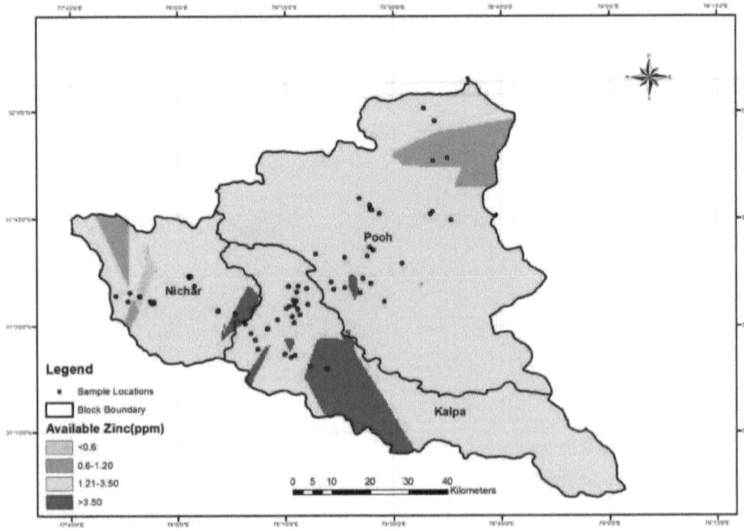

Figura 4.12 Variabilidade espacial do zinco disponível nos solos dos pomares de macieiras do distrito de Kinnaur (HP)

4.2.2.4 Cobre disponível

O cobre participa na fotossíntese, na respiração, no metabolismo das proteínas e dos hidratos de carbono e na utilização do ferro. Estimula a lenhificação de toda a parede celular das plantas e é capaz de atuar como transportador de electrões em muitos sistemas enzimáticos que provocam reacções de oxidação-redução nas plantas.

O teor de cobre disponível em solos de pomares variou entre 0,8 e 2,90 mg kg'1 com um valor médio de 1,59 mg kg'1 (Tabela 4.5 como dado no *Apêndice -A)* e a distribuição espacial em solos de pomares de maçã no distrito é apresentada na figura 4.13. Entre os blocos, o teor de cobre disponível (ppm) variou de 0,90 a 2,70, 1,0 a 2,90 e 0,80 a 2,10 em Nichar, Kalpa e Pooh, respetivamente (Tabela 4.6 como dado no Apêndice *-A).*

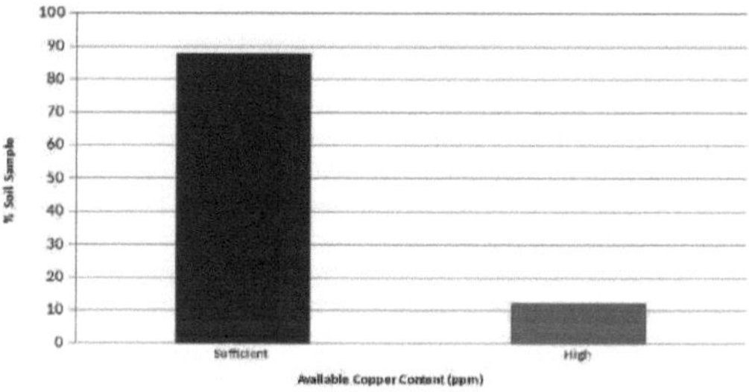

Distribuição do cobre disponível nos pomares de macieiras do distrito de Kinnaur.

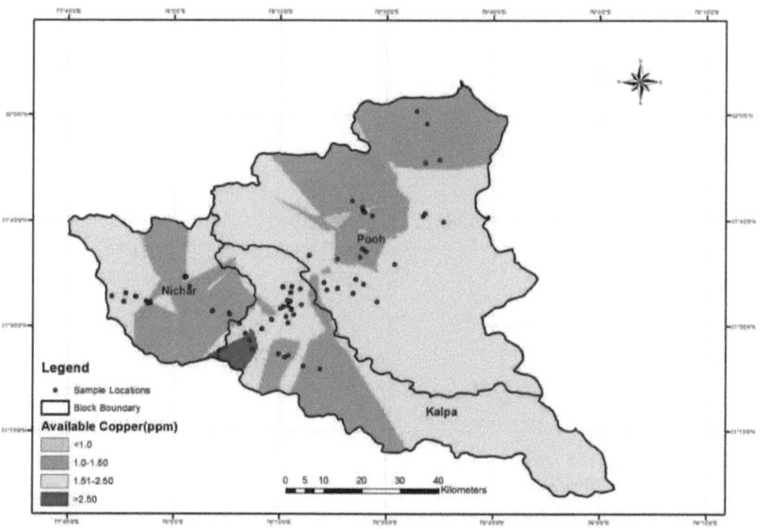

Figura 4.13 Variabilidade espacial do cobre disponível nos solos dos pomares de macieiras do distrito de Kinnaur (HP)

4.2.2.5 Boro disponível

O boro aumenta a solubilidade e a mobilidade do cálcio na planta e actua como regulador da relação K/Ca na planta. É necessário para o desenvolvimento de novos tecidos meristemáticos e também é necessário para a polinização correta, o estabelecimento de frutos e sementes e a translocação de açúcar, amido e fósforo, etc. Tem um papel na síntese de aminoácidos e proteínas e regula o metabolismo dos hidratos de carbono.

O teor de boro disponível nos solos variou entre 0,36 e 1,70 mg kg'[1], com um valor médio de 0,68 mg kg'[1] (Quadro 4.5, apresentado no *Apêndice -A*) e a distribuição espacial nos solos dos pomares de macieiras no distrito de Kinnaur é apresentada na figura 4.14.

Entre os blocos, o teor de boro disponível (ppm) variou de 0,36 a 0,80, 0,42 a 1,0 e 0,38 a 1,70 em Nichar, Kalpa e Pooh, respetivamente (Tabela 4.6, conforme apresentado no *Apêndice -A).*

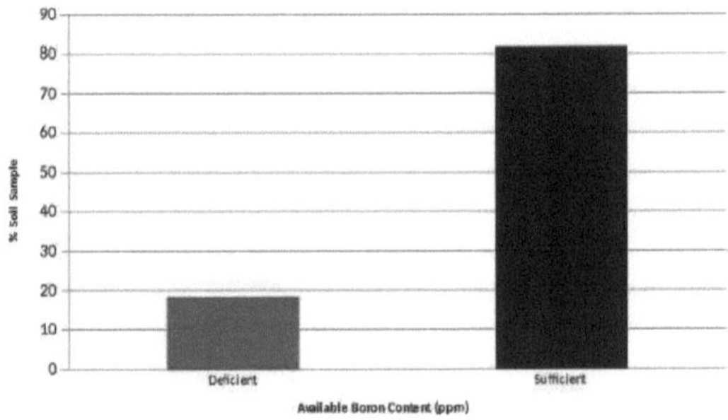

Distribuição do boro disponível nos pomares de macieiras do distrito de Kinnaur.

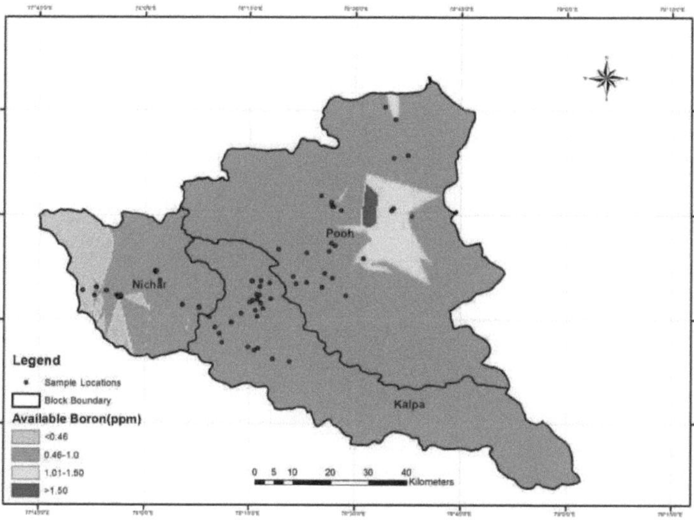

Figura 4.14 Variabilidade espacial do boro disponível nos solos dos pomares de macieiras do distrito de Kinnaur (HP)

4.2.2.6 Polibdénio disponível

O molibdénio está envolvido em sistemas enzimáticos relacionados com a fixação de azoto e o metabolismo do azoto, a síntese de proteínas e o metabolismo do enxofre são também afectados pelo molibdénio. O molibdénio tem um efeito significativo na formação do pólen, pelo que a formação de frutos e grãos é afetada em plantas deficientes em molibdénio. A função mais importante do molibdénio no metabolismo das plantas é a redução de NO3^, a deficiência de molibdénio assemelha-se à deficiência de azoto.

O conteúdo de molibdénio disponível nos solos variou de 0.12 a 0.4 mg kg'^{1} com um valor médio de 0.26 mg kg'^{1} (Tabela 4.5 como dado no *Apêndice -A*) e a distribuição espacial nos solos dos pomares de maçã no distrito é apresentada na figura 4.15. Entre os blocos, o teor de molibdénio disponível (ppm) variou de 0,14 a 0,39, 0,12 a 0,36 e 0,17 a 0,40 em Nichar, Kalpa e Pooh, respetivamente (Quadro 4.6, apresentado *no Apêndice -A).*

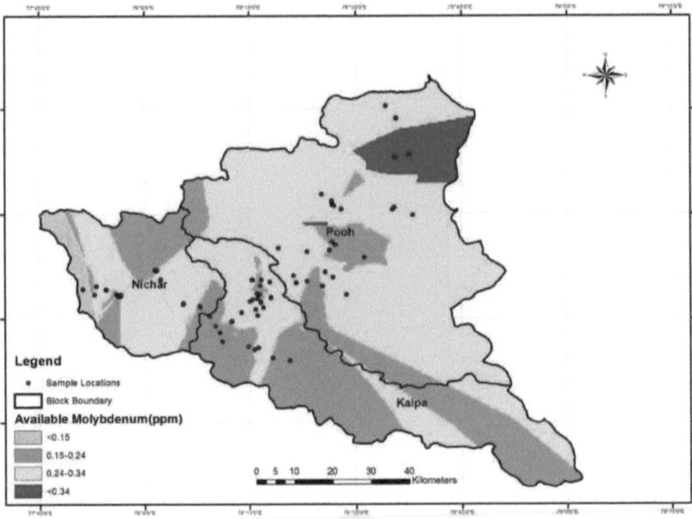

Figura 4.15 Variabilidade espacial do molibdénio disponível nos solos dos pomares de macieiras do distrito de Kinnaur (HP)

4.3 VARIABILIDADE ESPACIAL DOS NUTRIENTES FOLIARES NA MACIEIRA HORTAS

Ao contrário da análise do solo, que indica as quantidades totais de determinados elementos no solo, a análise foliar indica as quantidades de vários elementos que foram absorvidos pela árvore e translocados para a folhagem. A concentração de quaisquer nutrientes pode ser corretamente detectada através de uma análise foliar, sendo o melhor método de diagnóstico para determinar o estado dos nutrientes e planear recomendações de fertilizantes. Nesta medida, a análise foliar fornece uma imagem mais completa do estado nutricional atual das árvores.

O teor de azoto na folha da macieira variava entre 1,60 e 2,60 %, com um valor médio de 2,25 % nos pomares em estudo (quadro 4.7 do *apêndice -A*) e a distribuição espacial do teor de azoto nos pomares de macieira do distrito de Kinnaur é apresentada na figura 4.16. A concentração de macronutrientes nas folhas dos pomares de macieiras do distrito de Kinnaur é apresentada no quadro 4.8 *(apêndice -A)*. A leitura dos dados do quadro 4.8 revela que o azoto foliar variou de 1,60 a 2,40, 1,80 a 2,50 e 2,10 a 2,60 por cento nos blocos Nichar, Kalpa e Pooh, com valores médios de 2,07, 2,27 e 2,37 por cento, respetivamente.

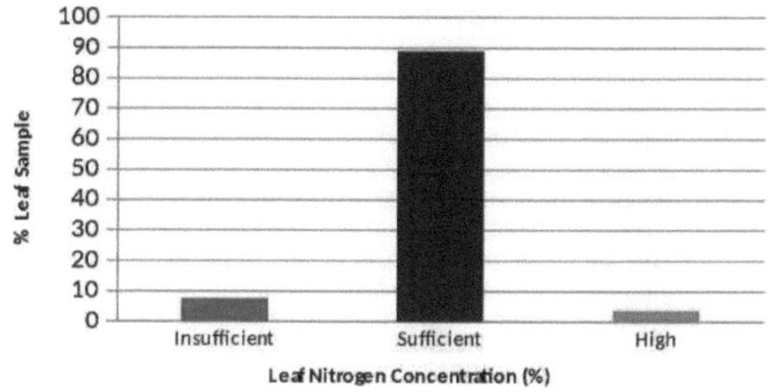

Distribuição do teor de azoto foliar em pomares de macieiras do distrito de Kinnaur.

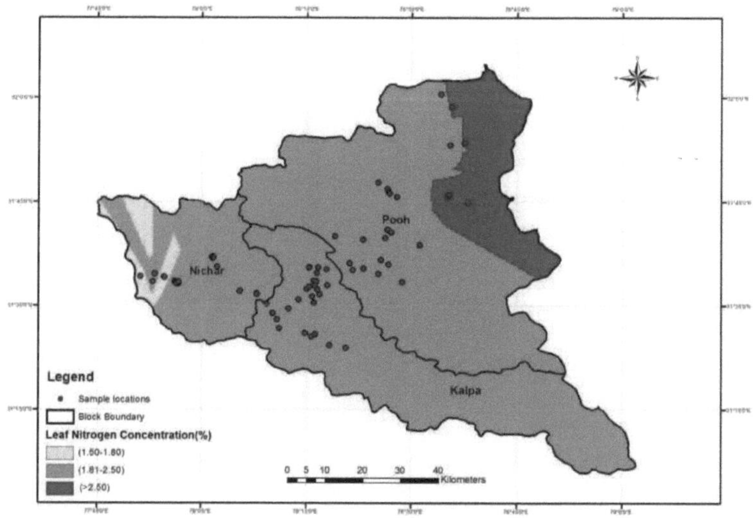

Figura 4.16 Variabilidade espacial do azoto foliar em pomares de macieiras do distrito de Kinnaur (HP)

O teor de fósforo nas folhas variou entre 0,18 e 0,33%, com um valor médio de 0,24% (Quadro 4.7, apresentado no *Apêndice -A*) e a distribuição espacial do teor de fósforo nos pomares de macieiras é apresentada na figura 4.17. A concentração de macronutrientes nas folhas dos pomares de macieiras do distrito de Kinnaur é apresentada no quadro 4.8. A leitura dos dados do quadro 4.8 revela que o teor de fósforo nas folhas variava entre 0,20 e 0,32, 0,18 e 0,26 e 0,21 e 0,33 por cento nos blocos de Nichar, Kalpa e Pooh, com valores médios de 0,25, 0,22 e 0,26 por cento, respetivamente.

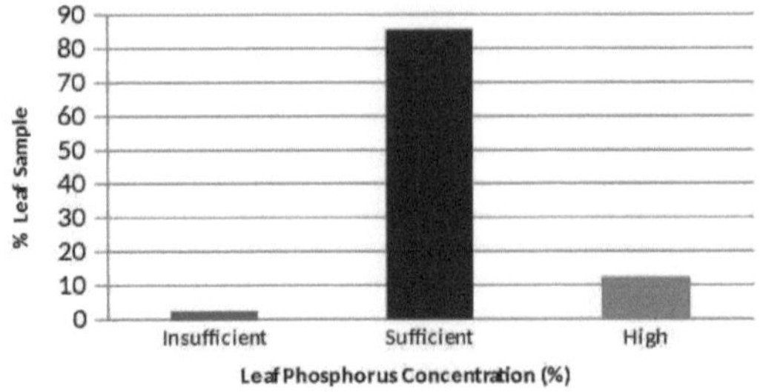

Distribuição do teor de fósforo foliar em pomares de macieiras do distrito de Kinnaur.

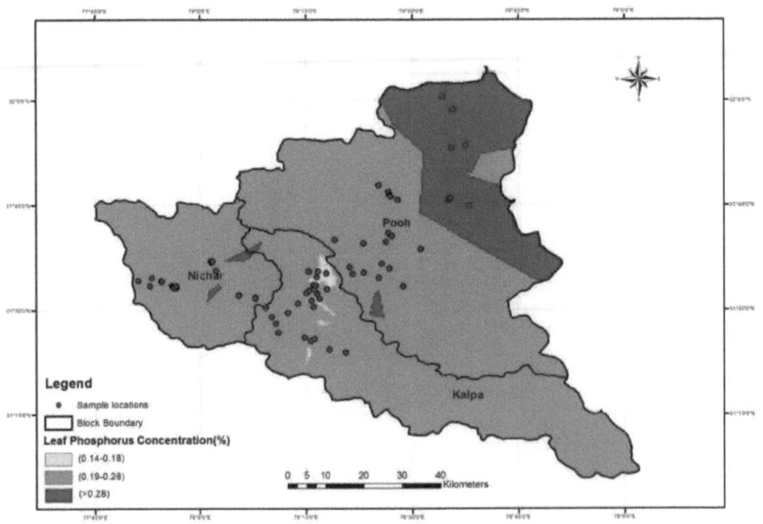

Figura 4.17 Variabilidade espacial do fósforo foliar em pomares de macieiras do distrito de Kinnaur (HP)

O teor de potássio na folha da macieira variou entre 0,9 e 1,80 %, com um valor médio de 1,50 por cento (Quadro 4.7, apresentado no *Apêndice -A*) e a distribuição espacial do teor de potássio no pomar de macieiras é apresentada na figura 4.18. A concentração de macronutrientes nas folhas dos pomares de macieiras do distrito de Kinnaur é apresentada no quadro 4.8. Uma leitura dos dados do no Quadro 4.8 revela que o potássio foliar variou de

0,90 a 1,70, 1,30 a 1,70 e 1,20 a 1,80 por cento nos blocos de Nichar, Kalpa e Pooh, com valores médios de 1,42, 1,55 e 1,53 por cento, respetivamente.

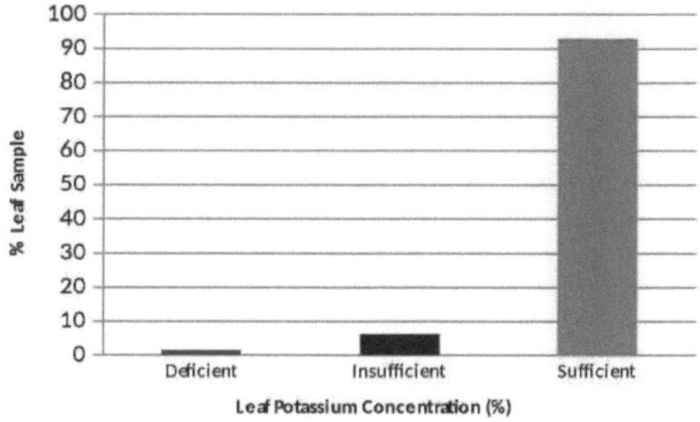

Distribuição do teor foliar de potássio nos pomares de macieiras do distrito de Kinnaur

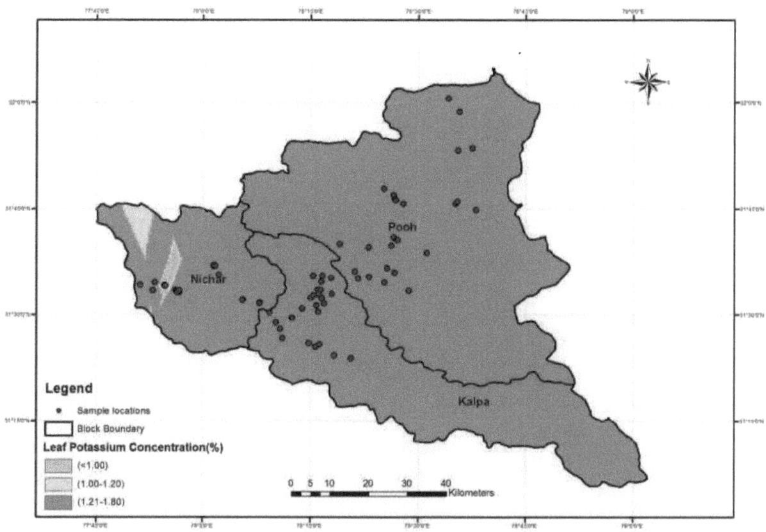

Figura 4.18 Variabilidade espacial do potássio foliar em pomares de macieiras do distrito de Kinnaur (HP)

Os teores de cálcio na folha da macieira variaram de 0,90 a 2,10 e de 0,24 a 0,45 %, com valores médios de 1,51 % nos pomares de macieira do distrito de Kinnaur (Quadro 4.7, como indicado no *Apêndice -A*) e a distribuição espacial do Ca foliar nos pomares de macieira é apresentada nas figuras 4.19. A concentração de Ca foliar por bloco nos pomares de macieiras do distrito de Kinnaur é apresentada no quadro 4.8. A análise dos dados do quadro 4.8 revela que o cálcio nas folhas variava entre 0,90 e 1,80, 1,30 e 1,70 e 1,20 e 2,10 por cento nos blocos de Nichar, Kalpa e Pooh, com valores médios de 1,40, 1,52 e 1,62 por cento, respetivamente.

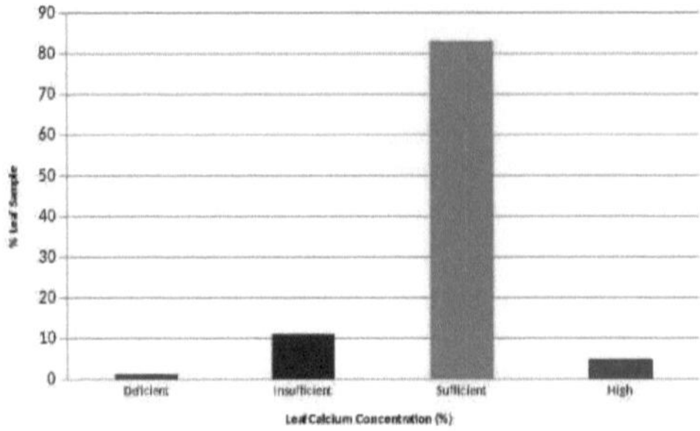

Distribuição do teor de cálcio nas folhas dos pomares de macieiras do distrito de Kinnaur

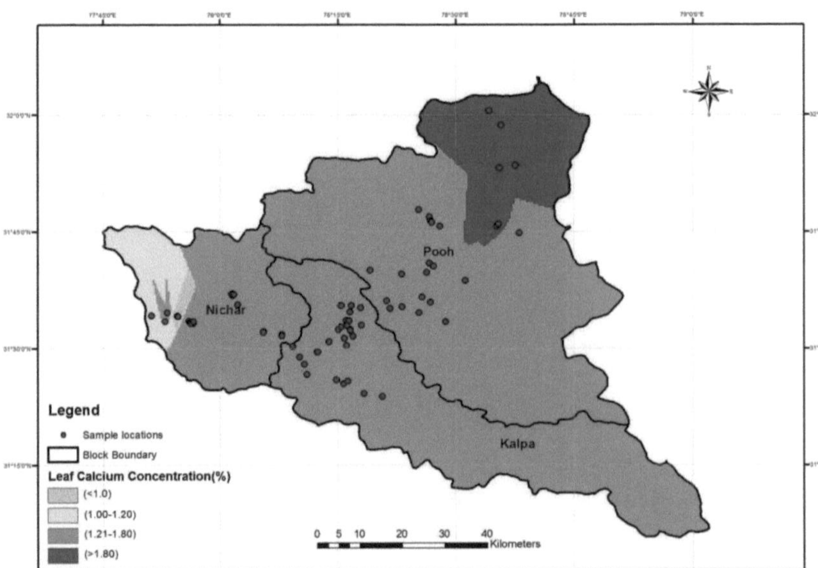

Figura 4.19 Variabilidade espacial do cálcio foliar em pomares de macieiras do distrito de Kinnaur (HP)

O conteúdo de magnésio na folha variou de 0,24 a 0,45 % com valor médio de 0,31 por cento (Tabela 4.7 como dado no *Apêndice -A*) e a distribuição espacial de Mg na folha em pomares de maçã é apresentada na figura 4.20. A concentração de Ca foliar por bloco nos pomares de macieiras do distrito de Kinnaur é apresentada no Quadro 4.8. A análise dos dados do quadro 4.8 revela que o cálcio nas folhas variava de 0,24 a 0,45, 0,24 a 0,36 e 0,24 a 0,40 por cento nos blocos de Nichar, Kalpa e Pooh, com valores médios de 0,32, 0,29 e 0,32 por cento, respetivamente.

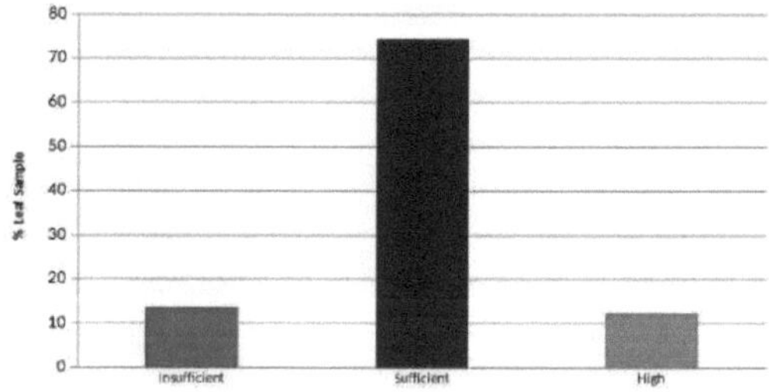

Distribuição do teor de magnésio nas folhas dos pomares de macieiras do distrito de Kinnaur

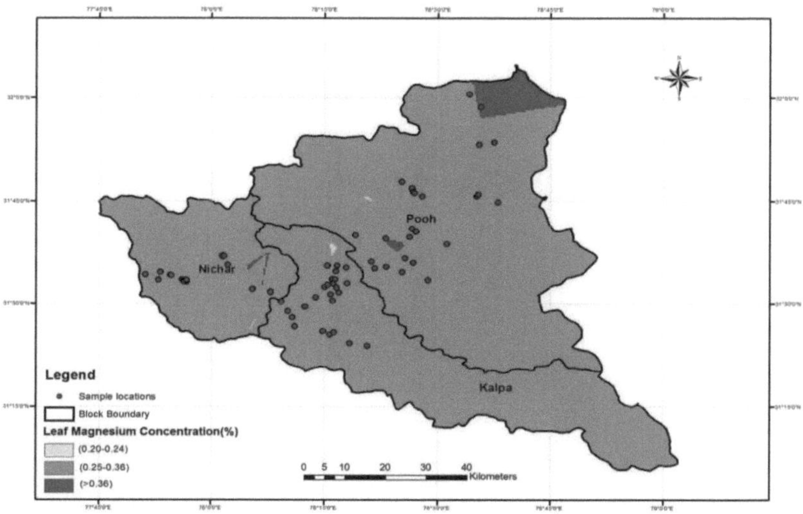

Figura 4.20 Variabilidade espacial do magnésio foliar em pomares de macieiras do distrito de Kinnaur (HP)

Os teores de ferro nas folhas dos pomares de macieiras do distrito variaram de 98,0 a 390,0 ppm com um valor médio de 232,3 ppm (Quadro 4.9, como indicado no *Apêndice -A)* e a distribuição espacial do ferro nas folhas dos pomares de macieiras é apresentada na figura 4.21. O quadro 4.10 apresenta a concentração de ferro foliar por bloco nos pomares de macieiras do distrito de Kinnaur. A leitura dos dados do quadro 4.10 revela que o teor de ferro nas folhas variava entre 164 e 390, 98 e 337 e 98 e 358 ppm nos blocos de Nichar, Kalpa e Pooh, com valores médios de 278,6, 216,5 e 209,4 ppm, respetivamente.

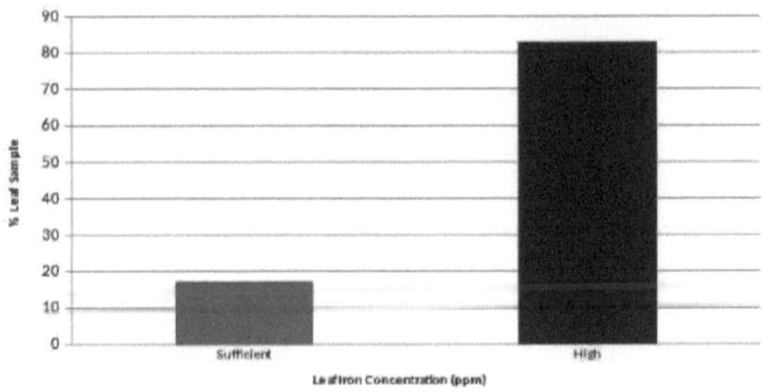

Distribuição do teor de ferro foliar nos pomares de macieiras do distrito de Kinnaur

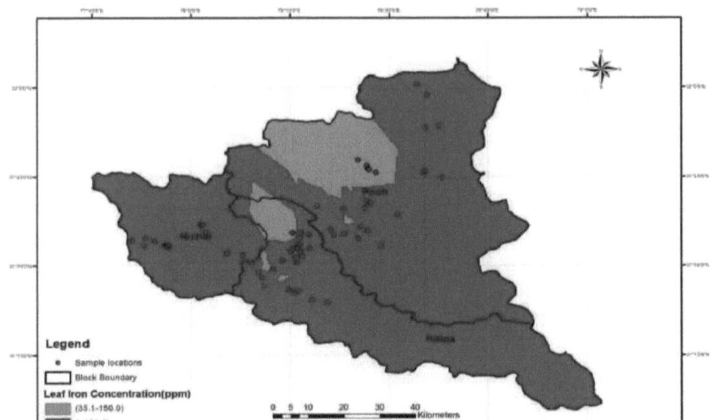

Figura 4.21 Variabilidade espacial do ferro foliar em pomares de macieiras do distrito de Kinnaur (HP)

Os teores de manganês nas folhas dos pomares de macieiras do distrito variaram de

23,0 a 80,0 ppm com um valor médio de 48,6 ppm (Tabela 4.9, como apresentado no *Apêndice - A*) e a distribuição espacial do Mn nas folhas dos pomares de macieiras é apresentada na figura 4.22. A concentração de Mn foliar por bloco nos pomares de macieiras do distrito de Kinnaur é apresentada no quadro 4.10. A leitura dos dados do quadro 4.10 revela que o teor de Mn nas folhas variou de 23 a 71, 24 a 48 e 29 a 80 ppm nos blocos de Nichar, Kalpa e Pooh, com valores médios de 46,7, 47,0 e 52,0 ppm, respetivamente.

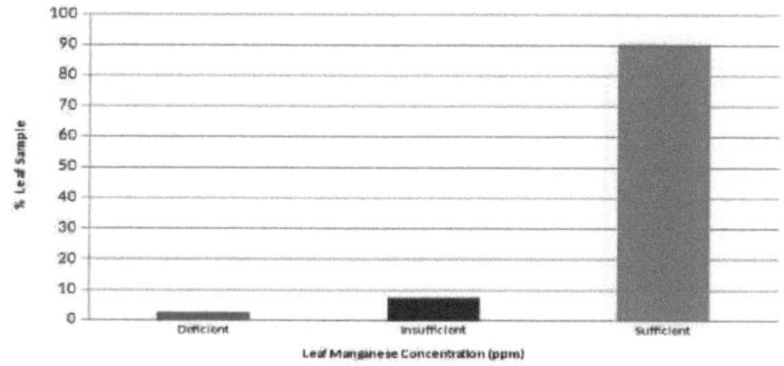

Distribuição do teor de manganês nas folhas dos pomares de macieiras do distrito de Kinnaur

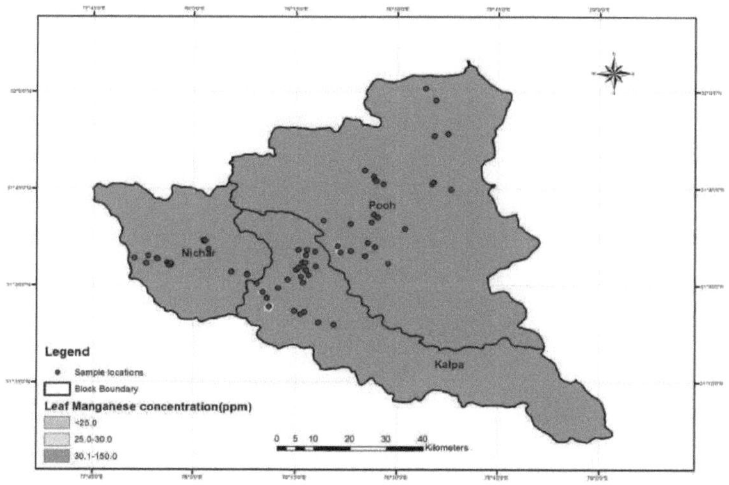

Figura 4.22 Variabilidade espacial do manganês das folhas em pomares de macieiras do distrito de Kinnaur (HP)

Os teores de zinco nas folhas dos pomares de macieiras do distrito variaram de 11,0 a 46,0 ppm, com um valor médio de 26,6 ppm (Quadro 4.9, como indicado no *Apêndice -A*) e a distribuição espacial de Zn nas folhas dos pomares de macieiras é apresentada na figura 4.23. A concentração de Zn foliar por bloco nos pomares de macieiras do distrito de Kinnaur é apresentada no Quadro 4.10. Uma leitura dos dados do quadro 4.10 revela que o teor de Zn nas folhas variou de 11 a 35, 15 a 45 e 15 a 46 ppm nos blocos de Nichar, Kalpa e Pooh, com valores médios de 28,8, 27,4 e 28,9 ppm, respetivamente.

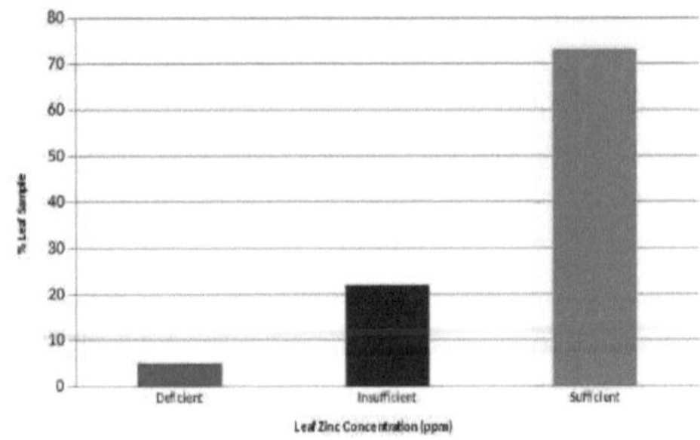

Distribuição do teor de zinco nas folhas em pomares de macieiras do distrito de Kinnaur

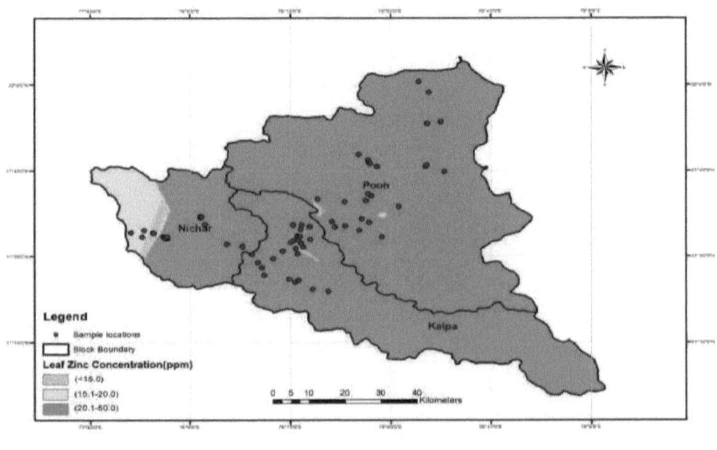

Figura 4.23 Variabilidade espacial do zinco foliar em pomares de macieiras do distrito de Kinnaur (HP)

Os teores de cobre nas folhas dos pomares de macieiras do distrito variaram de 8,50 a

28,0 ppm com um valor médio de 14,9 ppm (Tabela 4.9 como dado no *Apêndice -A*) e a distribuição espacial do cobre nas folhas dos pomares de macieiras é apresentada na figura 4.24. A concentração de Cu nas folhas por bloco em pomares de macieiras do distrito de Kinnaur é apresentada no Quadro 4.10. Uma leitura dos dados do quadro 4.10 revela que o teor de Cu nas folhas variou de 10 a 28, 8,50 a 25,0 e 12,4 a 24,6 ppm nos blocos de Nichar, Kalpa e Pooh, com valores médios de 14, 16,1 e 14,4 ppm, respetivamente.

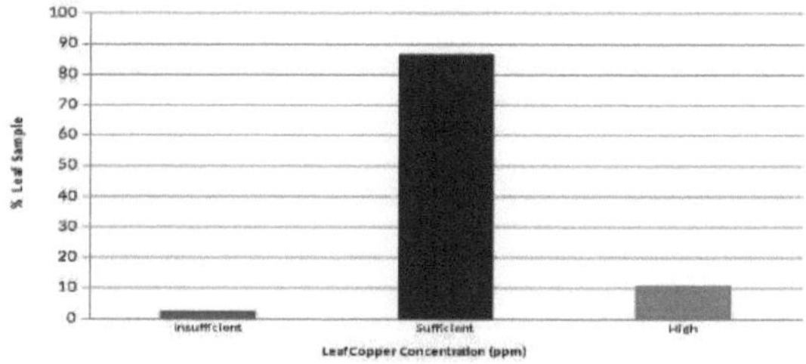

Distribuição do teor de cobre nas folhas dos pomares de macieiras do distrito de Kinnaur

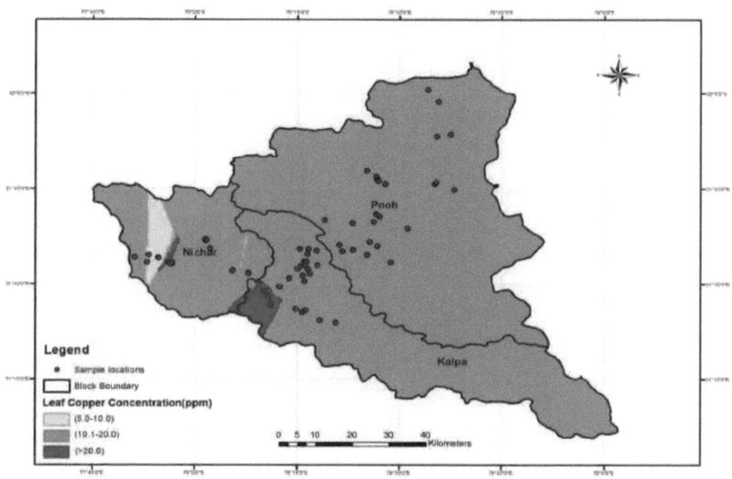

Figura 4.24 Variabilidade espacial do cobre nas folhas em pomares de macieiras do distrito de Kinnaur (HP)

O conteúdo de boro nas folhas dos pomares de maçã do distrito variou de 17,7 a 45,0 ppm com um valor médio de 29,5 ppm (Tabela 4.9 como dado no *Apêndice -A*) e a distribuição espacial do Cu nas folhas dos pomares de maçã é apresentada na figura 4.25. A concentração foliar de B em pomares de macieiras do distrito de Kinnaur é apresentada na Tabela 4.10. Uma leitura dos dados na Tabela 4.10 revela que o conteúdo de B nas folhas variou de 0.36 a 36.5, 24 a 38 e 18 a 45 ppm nos blocos Nichar, Kalpa e Pooh com valores médios de 25.7, 29.9 e 31.2 ppm, respetivamente.

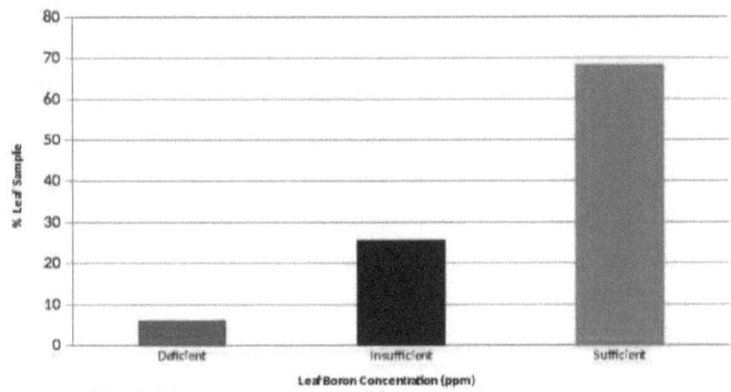

Distribuição do boro foliar nos pomares de macieiras do distrito de Kinnaur

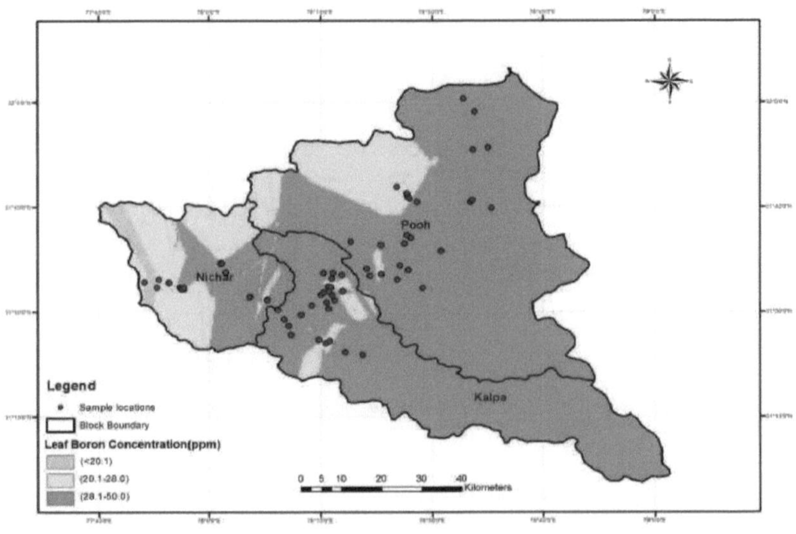

Figura 4.25 Variabilidade espacial do boro foliar em pomares de macieiras do distrito de Kinnaur (HP)

Os teores foliares de molibdénio nos pomares de macieiras do distrito variaram entre 0,44 e 0,85 ppm, com um valor médio de 0,61 ppm (Quadro 4.9, apresentado no *Anexo – A*) e a distribuição espacial do Mo foliar nos pomares de macieiras é apresentada na figura 4.26. A concentração de Mo nas folhas em pomares de macieiras do distrito de Kinnaur é apresentada no Quadro 4.10. Uma leitura dos dados do quadro 4.10 revela que o teor de Mo nas folhas variou de 0,48 a 0,78, 0,48 a 84 e 0,44 a 0,85 ppm nos blocos de Nichar, Kalpa e Pooh, com valores médios de 0,61, 0,59 e 0,63 ppm, respetivamente.

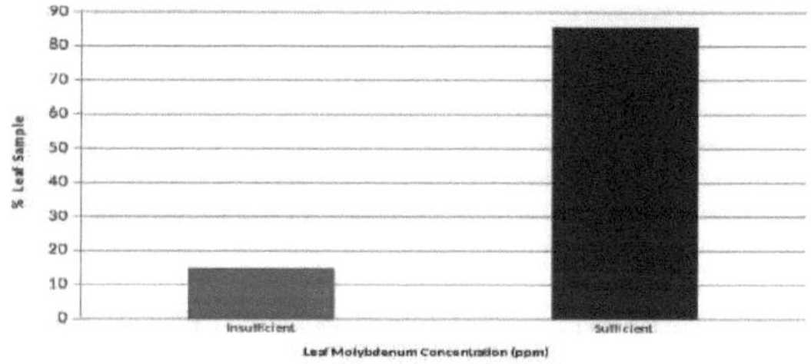

Distribuição do teor de molibdénio nas folhas dos pomares de macieiras do distrito de Kinnaur

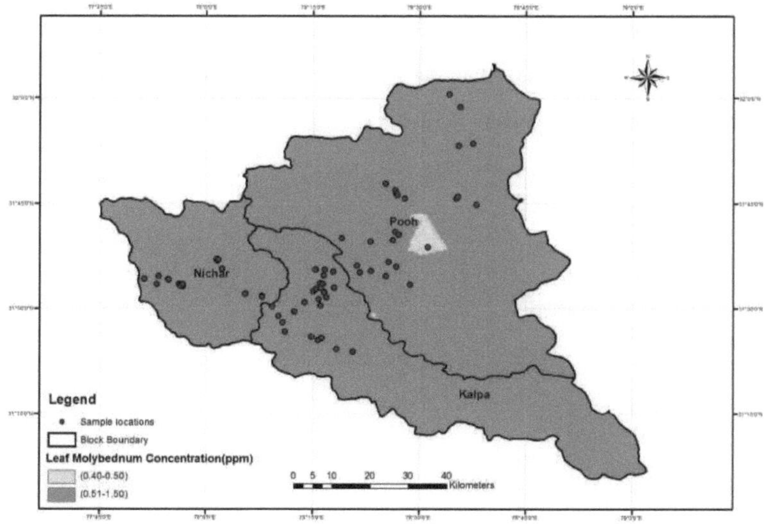

Figura 4.26 Variabilidade espacial do molibdénio foliar em pomares de macieiras do distrito de Kinnaur (HP)

4.4 RELAÇÃO DOS NUTRIENTES DO SOLO E DAS FOLHAS COM RENDIMENTO DA MAÇÃ

A relação entre o fornecimento de nutrientes disponíveis no solo e o teor de nutrientes nas folhas e a produção de frutos foi estudada através do cálculo dos valores dos coeficientes de correlação (r).

Uma leitura dos dados no quadro 4.11 (*Apêndice -A*) indica coeficientes de correlação altamente significativos e positivos de 0,84, 0,36, 0,33 e 0,26 para os teores de N, B, Zn e Mn disponíveis no solo, respetivamente, e a produção de frutos. Foi, no entanto, observado um coeficiente de correlação significativo, mas negativo, de 0,27 entre o teor de Cu do solo e a produção de frutos. No entanto, não se observou uma relação significativa da produção com os restantes elementos.

Foi encontrado um coeficiente de correlação altamente significativo e positivo de 0,84 entre o conteúdo de N da folha e a produção de frutos. Da mesma forma, também foram observados coeficientes de correlação significativos e positivos de 0,80, 0,60, 0,54, 0,52, 0,44, 0,40, 0,31 para os teores de Zn, Ca, K, B, P, Mn e Mg disponíveis no solo, respetivamente, e a produção de frutos. Os restantes elementos nutritivos não apresentaram qualquer relação significativa com a produção (Quadro 4.12, apresentado no *Apêndice -A).*

Capítulo 5

5. EPÍLOGO

- Os solos dos pomares de macieiras estudados no distrito de Kinnaur eram moderadamente ácidos a ligeiramente alcalinos, com uma condutividade eléctrica normal e ricos em carbono orgânico.

- A maioria dos solos (51,2 %) dos pomares de macieiras no distrito tinha um teor médio de azoto disponível. No entanto, os solos de 47,6 e 1,2 por cento dos pomares têm um teor elevado e baixo de azoto disponível, respetivamente.

- Os solos da maioria dos pomares de macieiras do distrito eram ricos (91,5%) em fósforo disponível, enquanto os solos de 8,5% dos pomares tinham um teor médio de fósforo disponível.

- O teor de potássio disponível nos solos dos pomares de macieiras era elevado em 82,9% dos pomares e médio em 7,5% dos pomares objeto de investigação no distrito.

- Os teores de cálcio e magnésio disponíveis foram registados como médios em 59,8 e 61,0 % dos pomares do distrito, respetivamente. No entanto, os solos de 17,1 e 18,3 por cento dos pomares têm alto e baixo teor de cálcio disponível, respetivamente. Da mesma forma, os solos de 8,50 e 25,6 por cento dos pomares têm alto e baixo teor de magnésio disponível, respetivamente.

- 92,7 % dos solos foram considerados suficientes em ferro disponível. A maioria dos solos (63,4 %) tem um teor de ferro disponível entre 4,5 e 25 mg kg$^{'1}$.

- Os solos da maioria dos pomares de macieiras (97,5 %) eram suficientes em zinco disponível.

- Os solos de 18,3 por cento dos pomares foram considerados deficientes em relação ao boro disponível, enquanto 81,7 por cento dos pomares eram suficientes

- Verificou-se que o manganês, o cobre e o molibdénio disponíveis eram suficientes nos solos dos pomares de macieiras do distrito de Kinnaur.

- A categorização das amostras de folhas revelou que 11,0, 12,2, 7,4, 17,1, 25,7, 9,8, 26,8, 2,50, 31,7 e 14,7 por cento das amostras foram consideradas deficientes em N, P, K, Ca, Mg, Mn, Zn, Cu, B e Mo, respetivamente, nos pomares de macieiras do distrito.
- No bloco de Nichar, 20,8, 16,7, 33,3, 12,5, 16,7, 37,5, 12,5, 45,8 e 12,5 por cento das amostras de folhas de macieira foram consideradas deficientes em N, K, Ca, Mg, Mn, Zn, Cu, B e Mo, respetivamente.
- Da mesma forma, no bloco Kalpa, 3,2, 6,5, 16,1, 6,5, 19,4, 3,2, 25,8 e 16,1 por cento das amostras de folhas foram registadas como deficientes em N, P, Mg, Mn, Zn, Cu, B e Mo, respetivamente.
- No entanto, em Pooh apenas 7,4, 7,4, 11,1, 3,7, 25,9, 25,9 e 14,8 por cento das amostras foram observadas como deficientes em K, Ca, Mg, Mn, Zn, B e Mo, respetivamente.

No final do presente estudo, é muito claro que:

- A variação espacial máxima no pH do solo, CE, OC (%), N, P, Ca, Mg, Cu, Zn, Mo foi encontrada em solos de pomar de maçã do bloco Nichar do distrito com valores mais altos de coeficiente de variação. No entanto, a variação de K, Fe, Mn e B foi máxima nos solos de macieiras do bloco Pooh, com os valores mais elevados de coeficiente de variação. Os solos dos pomares de macieiras do bloco de Kalpa apresentaram a menor variabilidade espacial em relação às caraterísticas do solo.
- O estado nutricional da folha da macieira indicou que, no bloco Nichar, as maiores deficiências de N, K, Ca, Cu, Zn e B foram encontradas nos pomares de macieira. Da mesma forma, as deficiências de Mg, Zn, B e Mo foram registadas no bloco Kalpa. No entanto, no bloco Pooh, as deficiências de apenas Zn, B e Mo foram encontradas nos pomares de maçã do distrito.
- A variabilidade espacial das caraterísticas do solo e dos nutrientes foliares dos pomares de macieiras em diferentes blocos e dentro dos blocos do distrito de Kinnaur indicou uma forte necessidade de desenvolver recomendações específicas para a gestão das

caraterísticas essenciais do solo e dos nutrientes das plantas, a fim de melhorar e manter a produção, bem como a qualidade da maçã no distrito.

- É importante sublinhar que a base de dados espacial das folhas e dos nutrientes do solo proporciona uma forte dependência espacial para desenvolver um programa de fertilização específico mais fiável para a agricultura de precisão da maçã, que envolve uma redução consistente dos fertilizantes, a fim de evitar problemas económicos e potenciais problemas ambientais derivados de um esquema de fertilização homogéneo.

- Pode concluir-se que os procedimentos geoestatísticos são úteis para descrever a variabilidade espacial do estado nutricional em pomares de macieiras, o que pode ser utilizado para conceber estratégias de aplicação específicas para cada local e ser útil para os agricultores, cientistas, investigadores e planeadores, fornecendo recomendações online de fertilizantes com base em testes de solo e de folhas para a produção sustentável de maçãs de boa qualidade, para além da monitorização da saúde do solo para a horticultura atual e futura no distrito.

REFERÊNCIAS

Arnon, DI, Allen MB, Whatley, FR. 1954. Proc. 8th Intern. Botan. Congr., Paris, julho de 1954. *ReportCommun. Sect.* 11, 12, 1-2,

Benbi, DK e Brar JS. 2009. Um registo de 25 anos de sequestro de carbono e propriedades do solo na agricultura intensiva. *Agronomyfor Sustainable Development* 29, 257-265.

Bhatti, A.U., D.J. Mulla e B.E. Frazier. 1991. Estimativa das propriedades do solo e do rendimento do trigo em colinas complexas utilizando a geoestatística e as imagens do mapeador temático. *Remote Sensing of Environment* 37: 181-189.

Bouman, BAM, H Van Keulen, HH Van Laar e R Rabbinge, 1996. Os modelos de simulação do crescimento das culturas da "Escola de Wit": uma genealogia e uma panorâmica histórica. *Agric Syst.* 52(2-3):171-198.

Bruulsema, T. W.; Patiyath, G.; Schofield, A. e Oкe, M. 2004. Fósforo e fitoquímicos. *Better crops.* 88(2): 6-7.

Burrough, P.A. 1986. *Principles of Geographic Information Systems for Land Resource Assessment.* Monographs on Soil and Resources Survey No. 12, Oxford Science Publications, Nova Iorque.

Cambardella, C. A., & Karlen, D. L. 1999. Spatial analysis of soil fertility parameters (Análise espacial dos parâmetros de fertilidade do solo). *Agricultura de Precisão*, 1, 5-14.

Cambardella, C. A., Moorman, T. B., Novak, J. M., Parkin, T. B., Karlen, D. L., Turco, R. F e Konopka, A. E. 1994. Field scale variability of soil properties in central Iowa soils. *Soil Science Society America Journal*, 58,pp. 1501-1511.

Chapman, H.D. 1964. Sugestão de técnicas de amostragem e manuseamento foliar para determinar o estado nutricional de algumas culturas de campo, hortícolas e de plantação. *IndianJ.Hort.* 21: 97-119.

Creutin J.D., Obled C., 1982. Análise objetiva e técnicas de cartografia para campos de precipitação: uma comparação objetiva. *Water Resour. Res.* 18(2):413-431.

Dobermann, A.; Cassman, K. G.; Walters, D. T. e Witt, C. 2005. Equilíbrio entre objectivos a curto e a longo prazo na gestão de nutrientes. *Better Crops.* 89(4): 16-18.

Doran, J.W., Sarrantonio, M., Liebig, M., 1996. Saúde do solo e sustentabilidade. In: Sparks, D.L. (Ed.), Advances in Agronomy, Vol. 56. Academic Press, San Diego, pp. 1-54.

Earl, R., Wheeler, P. N., Blackmore, B. S., & Godwin, R. J. (1996). Precision farming-the managementofvariability. *Landwards,* 51(4), 18-23.

ESRI. 2001. Software ArcView versão 8.0.

Fageria, N. K. 1992. Maximizing Crop Yields. Marcel Dekker, Nova Iorque, NY.

Godwin, R.J.; Miller, P.C.H. (2003). A Review of the Technologies for Mapping within-field Variability [Revisão das tecnologias para mapeamento da variabilidade dentro do campo]. *Biosyst. Eng.*, Vol. 84, No. 4, 393-407, ISSN 1537-5110

Goovaerts, P. (1998). Ferramentas geoestatísticas para caraterizar a variabilidade espacial das propriedades microbiológicas e físico-químicas do solo. Biology andFertility Soils 27, 315-334.

Goovaerts, P. 1998. Ferramentas geoestatísticas para a caraterização da variabilidade espacial das propriedades microbiológicas e físico-químicas do solo. *Biologia e Fertilidade do Solo.* 27, 315-334.

Gotway, C.A, Ferguson, R.B., Hergert, G.W. e Peterson, T.A. (1996). Comparação dos métodos de krigagem e de distância inversa para a cartografia dos parâmetros do solo. *Soil Science Society of America Journal* 60,1237-1247.

Hatcher, J.T. e Wilcox, L.V. 1950. Determinação colorimétrica de boro usando carmim. *Analyt. Chem.* 22: 567-69.

Iqbal, J., John A. Thomasson, e Johnie N. Jenkins, Phillip R. Owens, Frank D. Whisler. 2005. Análise da variabilidade espacial das propriedades físicas do solo de solos aluviais. *Soil Sci. Soc. Am. J.* 69: 1338-1350.

Jackson, M.L. 1973. Soil Chemical analysis. Prentice Hall, India, Ltd., Nova Deli.

Jansen DM, Stoorvogel JJ, Shipper RA (1995). Utilização de indicadores de sustentabilidade na análise da utilização de terras agrícolas: Um exemplo da Costa Rica. *Neth. J. Agr. Sci.*, 43(l):61-82.

Jin, J.W., H.C. Ye, Y.F. Xu, C.Y. Shen e Y.F. Huang. 2012. Padrão espacial e temporal da fertilidade do solo, qualidade e análise de factores relacionados na zona de transição urbano-rural de Pequim. *Avanços em Biologia Ambiental* 6: 1620-1625.

Joshnson, C.M. e Arkley, T.H. 1950. Determinação de molibdénio em tecido vegetal. *Analyt. Chem.* 26: 573-80.

Kanwar, J.S. e Chopra, S.L. 1991. Analytical Agricultural Chemistry. Kalyani Publishers Ludhiana, Nova Deli

Lindsay, W.L. e W.A. Norvell. 1978. Desenvolvimento do teste de solo DTPA para Zn, Cu, Fe e Mn. *Soil Science Society of America Journal.* 42(3): 421-428.

Lopez-Granados, F., Jurado-Exposito, M., Alamo, S., & Garcia-Torres, L. 2004. Variabilidade espacial dos nutrientes foliares e mapas de fertilização específicos do local nos pomares de oliveira (*Olea europaea* L.). *Jornal Europeu de Agronomia*, 21, 209-222.

Memon, A.R., S. Khalid, A. Mallah e A.A. Mirbahar. 2011. Utilização da tecnologia GPS e GIS no levantamento e cartografia de ervas daninhas do trigo e do algodão no distrito de Khairpur, Sindh, *Paquistão. Pakistan Journalof Botany* 43: 1873-1878.

Monografia n.º 46. O fósforo como recurso natural. Em Fósforo: Agriculture and the Environment, *Agronomy*. ASA-CSSA-SSSS, Madison, WI.

Olsen, S. R., C.V. Cole, F.S. Watanabe e L.A. Pean. 1954. Estimativa do fósforo disponível por extração com bicarbonato de sódio. *USDA Circ.* 939.

Prachi Misra Sahoo ,Tauqueer Ahmad,Anil Rai. 2010. Applications of Remote Sensing and GIS in Agricultural Surveys (e-Book), Division of Sample Survey, Indian Agricultural Statistics Research Institute (ICAR), New Delhi.

Pratt, P.F. 1982. Potassium In: Methods of soil Analysis Part-II, Sociedade Americana de Agronomia, Madison, Wisconsin, EUA, pp. 225-246.

Santra, Priyabrata, Chopra, U.K. e Debashis Chakraborty 2008. Spatial variability of soil properties and its application in predicting surface map of hydraulic parameters in an agricultural farm. *CurrentScience* 95, 937-945.

Sen, P. e K. Majumdar. 2006. In Proceedings of the Fifth International Conference of the Asian Federation for Information Technology in Agriculture, Macmillan (India), Bangalore, India: 653660.

Shah, Z., W. Malik, A. Bhatti e H. Rahman. 2013. Variabilidade espacial de nutrientes em plantas de trigo na região semiárida do noroeste do Paquistão. *Comunicações em Ciência do Solo e Análise de Plantas.* 44: 2472-2487.

Shukla, M. K., Slater, B. K., Lal, R., & Cepuder, P. (2004). Variabilidade espacial das propriedades do solo e classificação da gestão potencial de um campo chernozémico na baixa Austrália. *Soil Science,* 169, 852- 860.

Subbiah, B.W. e G.L. Asija. 1956. Arapid procedure for the estimation of available nitrogen in soils. *CurrentSci.* 25: 259-60.

Von Uexkull HR 1988. The fertilizer situation in Asia and its effect on small-scale farms. AgroChemicals in Brief 11(3), Fertilizer Advisory, Devalopment and Information network for Asia and the pacific, Banguecoque, Tailândia.

Walkley, A. e Black, C.A. 1934. An examination of the method for determining soil organic matter and a proposed modification of the chromic acid titration method. *Soil Sci.* 37: 29-39.

Webster, R. 1985. Quantitative Spatial Analysis of Soil in the Field In Advances in Soil Science Vol 3.pp 2-66 Springer Verlag New York.

WILDING, L.P. & DREES, L.R. 1983. Variabilidade espacial e pedologia. In: WILDING, L.P.; SMECK, N.E. & HALL, G.F., eds. Pedogénese e taxonomia do solo: Concepts and interactions. Nova Iorque, Elsevier, p.83-116.

Wilding, L.P. 1985. Spatial variability: Sua documentação, acomodação e implicação para levantamentos de solo, p. 166-194. *In:* Soil Spatial Variability. D.R. Nielsen, e J. Bouma (eds.). Pudoc, Wageningen, Países Baixos.

Zaman, Q., & Schuman, W. A. 2006. Zonas de gestão de nutrientes para citrinos com base na variação das propriedades do solo e no desempenho das árvores. *Agricultura de Precisão*, 7, 45-63.

APÊNDICE - A

Quadro 4.1 Caraterísticas do solo dos pomares de macieiras do distrito de Kinnaur

Soil Characteristics	Minimum	Maximum	Mean	CV (%)
pH	5.53	7.55	6.69	6.3
EC (ds m^{-1})	0.11	0.86	0.26	41.9
OC (%)	0.84	5.55	3.25	32.5

Quadro 4.2 Caraterísticas do solo dos pomares de macieiras em diferentes blocos do distrito de Kinnaur

Soil Characteristics	Nichar block			Kalpa block			Pooh block		
	Range	Mean	CV (%)	Range	Mean	CV (%)	Range	Mean	CV (%)
pH	5.53-7.19	6.46	6.80	5.86-7.14	6.65	5.08	6.13-7.55	6.94	5.30
EC (ds m^{-1})	0.14-0.86	0.24	61.5	0.11-0.62	0.26	37.0	0.17-0.51	0.28	27.70
OC (%)	1.35-4.50	2.71	35.0	0.84-4.73	3.37	26.7	1.29-5.55	3.60	32.34

Quadro 4.3 Concentração de macronutrientes nos solos dos pomares de macieiras do distrito de Kinnaur

Macronutrients	Minimum	Maximum	Mean	CV (%)
N (Kg ha^{-1})	250.0	672.0	508.7	21.7
P (Kg ha^{-1})	14.0	188.0	72.04	60.2
K (Kg ha^{-1})	168.0	829.0	439.2	37.5
Ca (ppm)	570.0	2090.0	1431.6	24.8
Mg (ppm)	395.0	1663.0	995.9	25.4

Quadro 4.4 Concentração de macronutrientes nos solos dos pomares de macieiras de diferentes blocos do distrito de Kinnaur

Macronutrients	Nichar block			Kalpa block			Pooh block		
	Range	Mean	CV (%)	Range	Mean	CV (%)	Range	Mean	CV (%)
N (Kg ha^{-1})	250-672	474.1	27.9	280-650	505.1	19.3	350-652	543.7	17.8
P(Kg ha^{-1})	16-183	73.0	67.5	21-188	74.8	54.9	14-161	67.9	61.4
K(Kg ha^{-1})	251-827	475.5	32.0	168-826	480.0	36.7	177-829	360.2	38.2
Ca (ppm)	570-1890	1258.2	30.8	650-1920	1428.4	22.8	950-2090	1589.5	18.2
Mg (ppm)	395-1663	933.5	33.6	470-1350	972.4	23.9	598-1400	1078.5	18.1

Quadro 4.5 Concentração de micronutrientes nos solos dos pomares de macieiras do distrito de Kinnaur

Micronutrients (ppm)	Minimum	Maximum	Mean	CV (%)
Fe	2.80	69.70	22.41	64.00
Mn	11.50	37.00	20.74	30.00
Zn	0.50	4.90	2.37	42.17
Cu	0.80	2.90	1.60	28.50
B	0.36	1.70	0.68	35.90
Mo	0.12	0.40	0.26	24.66

Quadro 4.6 Concentração de micronutrientes nos solos dos pomares de macieiras de diferentes blocos do distrito de Kinnaur

Micronutrients (ppm)	Nichar block			Kalpa block			Pooh block		
	Range	Mean	CV (%)	Range	Mean	CV (%)	Range	Mean	CV (%)
Fe	7.0-42.2	22.28	45.60	3.7-69.7	32.09	48.00	2.80-24.70	11.41	54.80
Mn	13-31	21.94	26.12	12-33	19.70	28.00	11.50-37.00	20.87	35.30
Zn	0.50-4.90	2.29	50.46	0.9-4.1	2.62	35.42	1.0-3.80	2.17	41.87
Cu	0.90-2.70	1.53	30.80	1-2.90	1.80	24.36	0.80-2.10	1.42	27.00
B	0.36-0.80	0.52	21.65	0.42-1.00	0.72	22.60	0.38-1.70	0.79	42.21
Mo	0.14-0.39	0.25	30.05	0.12-0.36	0.25	20.40	0.17-0.40	0.28	22.75

Quadro 4.7 Concentração de macronutrientes nas folhas dos pomares de macieiras do distrito de Kinnaur

Micronutrients (ppm)	Minimum	Maximum	Mean	CV (%)
N	1.60	2.60	2.25	9.80
P	0.18	0.33	0.24	13.26
K	0.90	1.80	1.50	11.20
Ca	0.90	2.10	1.52	15.60
Mg	0.24	0.45	0.31	15.80

Quadro 4.8 Concentração de macronutrientes nas folhas em pomares de macieiras de diferentes blocos do distrito de Kinnaur

Macronutrients (%)	Nichar block			Kalpa block			Pooh block		
	Range	Mean	CV (%)	Range	Mean	CV (%)	Range	Mean	CV (%)
N	1.60-2.40	2.07	12.30	1.80-2.50	2.27	6.42	2.10-2.60	2.37	6.50
P	0.20-0.32	0.25	13.16	0.18-0.26	0.22	9.20	0.21-0.33	0.26	12.00
K	0.90-1.70	1.42	14.82	1.30-1.70	1.55	6.43	1.20-1.80	1.53	11.00
Ca	0.90-1.80	1.40	20.90	1.30-1.70	1.52	6.62	1.20-2.10	1.62	15.51
Mg	0.24-0.45	0.32	18.15	0.24-0.36	0.29	12.00	0.24-0.40	0.32	15.54

Quadro 4.9 Concentração de micronutrientes nas folhas dos pomares de macieiras do distrito de Kinnaur

Micronutrients (ppm)	Minimum	Maximum	Mean	CV (%)
Fe	98.00	390.00	232.33	32.90
Mn	23.00	80.00	48.60	29.51
Zn	11.00	46.00	26.60	29.30
Cu	8.50	28.00	14.91	26.12
B	17.70	45.00	29.46	16.80
Mo	0.44	0.85	0.61	16.04

Quadro 4.10 Concentração de micronutrientes nas folhas dos pomares de macieiras de diferentes blocos do distrito de Kinnaur

Micronutrients (ppm)	Nichar block			Kalpa block			Pooh block		
	Range	Mean	CV (%)	Range	Mean	CV (%)	Range	Mean	CV (%)
Fe	164-390	278.60	25.16	98-337	216.45	27.44	98-358	209.44	39.80
Mn	23-71	46.67	28.61	24-78	47.06	31.75	29-80	52.00	27.64
Zn	11-35	23.42	28.80	15-45	27.00	27.45	15-46	29.00	28.85
Cu	10-28	14.03	29.41	8.50-25	16.06	26.06	12.4-24.6	14.37	21.40
B	0.36-36.5	25.67	27.43	24-38	29.85	11.00	18-45	31.06	19.05
Mo	0.48-0.78	0.61	17.20	0.48-0.84	0.59	15.10	0.44-0.85	0.63	18.10

Quadro 4.11 Relação entre o teor de nutrientes disponíveis no solo e a produção de frutos nos pomares do distrito de Kinnaur

	pH	EC	OC	N	P	Mo	Zn	B	Cu	Mn	K	Ca	Fe	Mg
Yield	.12	.14	.67**	.84**	.13	.13	.33**	.36**	-.27*	.26*	.06	.12	-.06	.05

Quadro 4.12 Relação entre o teor de nutrientes nas folhas e a produção de frutos nos pomares do distrito de Kinnaur

	N	P	K	Ca	Mg	Mn	Fe	Zn	Cu	B	Mo
Yield	0.84**	0.44**	0.54**	0.60**	0.31**	0.40**	-0.09	0.85**	0.01	0.52**	0.19

MIX
Papier aus verantwortungsvollen Quellen
Paper from responsible sources
FSC® C105338

Printed by Books on Demand GmbH, Norderstedt / Germany